研究生用书

现代微生物研究技术

MODERN TECHNIQUES OF MICROBIOLOGY

文莹 李颖 主编

中国农业大学出版社
CHINA AGRICULTURAL UNIVERSITY PRESS

主　　编　文　莹　李　颖

参编人员　（以姓氏笔画为序）

文　莹　田杰生　刘庆洪　关国华
李　颖　李大伟　何　群　张永亮
陈　芝　陈文峰　姜　伟　胥　慧
隋新华

出版说明

我国的研究生教育正处于迅速发展、深化改革时期，研究生教育要在研究生规模和结构协调发展的同时，加快教学改革步伐，以培养高质量的创新人才。为加强和改进研究生培养工作，改革教学内容和教学方法，充实高层次人才培养的基本条件和手段，建设研究生培养质量基准平台，促进研究生教育整体水平的提高，中国农业大学通过一系列的改革、建设工作，形成了一批特色鲜明的研究生教学用书，本书是其中之一。特别值得提出的是，本书得到了“北京市教育委员会共建项目”专项资助。

建设一批研究生教学用书，是研究生教育教学改革的一次尝试，这批研究生教学用书，以突出研究生能力培养为出发点，引进和补充了最新的学科前沿进展内容，强化了研究生用书在引导学生扩充知识面、采用研究型学习方式、提高综合素质方面的作用，必将对提高研究生教育教学质量产生积极的促进作用。

中国农业大学研究生院

2008 年 1 月

前　言

微生物学在生命科学领域中占有重要地位，它的先进技术已经渗透到农学、医学、工业等领域，在转基因生物、生物制药、生物化工、环境保护、动植物病虫害防治和提高土壤肥力等方面均具有重要作用。《现代微生物研究技术》就是为适应微生物学科发展和研究生教学需要而编写的研究生实验教材，目的是使研究生在了解本学科国内外发展动态的同时，掌握必要的实验设计思路和实验技能，培养其科研创新能力。

《现代微生物研究技术》将微生物学基本实验技术和近年来发展起来的新技术、新方法有机融合，全书共分 18 个实验，按实验指导的形式编写，每个实验分实验目的、实验原理、实验材料、实验步骤和问题讨论 5 个部分。实验内容全面，涉及微生物分类、微生物生理、微生物遗传、发酵工程等多个分支领域；操作对象广泛，涵盖了细菌（包括链霉菌）、真菌（包括食用菌）和病毒及其相关的研究手段。实验设计完整并系统化，每个实验为一个独立的操作单元，大多数实验需要连续几天才能完成。我们希望本实验教材的出版不仅能够激发学生的科研兴趣，还可促使学生开阔视野、勇于实践，通过实验掌握微生物学的研究思路及研究手段，提高科研能力。

本书是中国农业大学微生物学与免疫学系教师多年教学和科研实践经验的积累，具有很强的实用性，它既可作为微生物专业研究生的实验教学用书，也可供从事微生物相关研究的科研和技术人员参考。

本书的实验一、二由隋新华编写，实验三由陈文峰编写，实验四、五由陈芝编写，实验六由关国华编写，实验七、八、十六由何群和胥慧编写，实验九由李大伟和张永亮编写，实验十、十三由姜伟编写，实验十一由刘庆洪编写，实验十二由田杰生编写，实验十四、十五由文莹编写，实验十七、十八由李颖编写。

本书的出版得到“中国农业大学研究生教材建设项目”的资助，谨致感谢！

由于我们的能力和水平有限，书中可能会有一些不妥或错误之处，敬请同行和读者批评指正，以便再版时修改。

编　者

2008 年 6 月

目　录

实验一　细菌DNA G+C 摩尔百分含量的测定

一、实验目的

学习采用热变性法测定细菌 DNA G+C 摩尔百分含量的技术。

二、实验原理

细菌 DNA G+C 摩尔百分含量是细菌分类中一个能反映属、种间亲缘关系的遗传型特征。在《伯杰氏细菌鉴定手册》第 8 版中，DNA G+C 摩尔百分含量测定已成为细菌属、种的常规鉴定方法。

每种生物都有特定的 DNA G+C 摩尔百分含量。动植物的 DNA G+C 摩尔百分含量变化范围较小，主要集中在 30%～50%，而细菌的 DNA G+C 摩尔百分含量变化较大，在 25%～75%，说明不同的细菌类群，其 G+C 摩尔百分含量不同，因此，DNA G+C 摩尔百分含量在细菌鉴定方面更有价值。一般认为同种内不同菌株的 DNA G+C 摩尔百分含量的差异不大于 5%，而同属不同种的差异不大于 10%。如果两个菌株的 DNA G+C 摩尔百分含量差别大于 10%，那就表明它们的基因组（genomes）碱基序列显著不同，它们的亲缘关系较远；相反，如果两个菌株的 DNA G+C 摩尔百分含量相似（如≤5%），则分两种情况：如序列顺序也相似，则可能属于同一个种；如序列顺序不同，则不属于同一个种。所以，测定 DNA G+C 摩尔百分含量的重要意义在于否定的作用。在细菌鉴定和分类中，必须将 DNA G+C 摩尔百分含量与 DNA 同源性、表型特征等性状相结合来进行分析。

DNA 碱基组成的测定方法有直接法和间接法两种。直接法（又称化学法）包括纸色谱法、高效液相色谱法等，它们可直接测定 DNA 水解后各种碱基的含量。间接法（又称物理法）是利用 DNA 的各种物理、化学性质与碱基组成的相关性来测定其碱基组成，常用的方法有浮力密度法和热变性法。

(1)化学方法

从细菌细胞中提取 DNA，并水解为各种核苷酸，用层析法将它们分开，利用它们对波长 250～270 nm 的紫外光有吸收作用的特点，确定它们在层析纸上的位置，经洗脱液洗脱后，用分光光度计作定量测定，由此推算 DNA G+C 摩尔百分含量。此法费时且误差大。

(2)物理方法

热变性温度测定法(简称 T_m 法),相对简单,重复性好,是现今应用的主要方法。本实验采用此法。

热变性温度测定法测定 DNA G+C 摩尔百分含量的原理如下:当天然双链 DNA 分子在一定的离子强度和 pH 值条件下逐步加热使温度升高到一定值时,碱基之间氢键不断打开,互补的 DNA 双螺旋不断变成单链,导致在 260 nm 处紫外吸收明显增加(即增色效应);当双链 DNA 完全变成单链后,紫外吸收值停止增加,这种 DNA 热变性过程在一个较窄的温度范围内完成。在热变性过程中,双链 DNA 解开一半时所对应的温度值,为解链中点温度(T_m 值),T_m 值随 G+C 摩尔百分含量的增加而增加,因为在 G≡C 碱基对中含 3 个氢键,在 A═T 碱基对中含有 2 个氢键,破坏 3 个氢键比破坏 2 个氢键需要更高的温度。这样,T_m 值可反映不同细菌的 DNA G+C 摩尔百分含量。利用具有加热功能的紫外分光光度计可以测出 T_m 值,通过理论推导的公式即可算出 DNA G+C 摩尔百分含量。

(3)DNA G+C 摩尔百分含量计算

DNA G+C 摩尔百分含量在 25%～75%的范围内,T_m 值与 G+C 摩尔百分含量间呈线性关系。总 DNA 溶解在 0.1×SSC 溶液中,其 G+C 摩尔百分含量的计算公式为:

$$\text{G+C 摩尔百分含量} = 51.2 + 2.08 \times [T_{m_{(x)}} - T_{m_{(K)}}] \text{或:}$$

$$\text{G+C 摩尔百分含量} = 2.08 T_{m_{(x)}} - 106.4$$

其中,$T_{m_{(x)}}$ 为待测菌株的 T_m 值,$T_{m_{(K)}}$ 为 *E. coli* K-12 的 T_m 值。

三、实验材料

1. 实验菌株

根瘤菌(*Rhizobium* sp.), *E. coli* K-12。

2. 培养基及试剂

(1)YMA 固体培养基

酵母粉	3 g	甘露醇	10.0 g
NaCl	0.10 g	K_2HPO_4	0.25 g
KH_2PO_4	0.25 g	$MgSO_4 \cdot 7H_2O$	0.20 g
Agar	18.0 g	H_2O	1 000 mL

pH 值　　6.8～7.0

(2)TY 液体培养基

胰蛋白胨	5 g	酵母粉	3 g
$CaCl_2 \cdot 2H_2O$	0.7 g	H_2O	1 000 mL
pH 值	6.8～7.2		

(3)1×TES

50 $mmol \cdot L^{-1}$ NaCl,5 $mmol \cdot L^{-1}$ EDTA-Na_2,50 $mmol \cdot L^{-1}$ Tris-HCl,pH 8.0～8.2。

(4)1×SSC

0.15 $mol \cdot L^{-1}$ NaCl,0.015 $mol \cdot L^{-1}$柠檬酸钠,pH 7.0。

(5)3 $mol \cdot L^{-1}$ NaAc,1 $mmol \cdot L^{-1}$ EDTA-Na_2,pH 7.0

(6)20% SDS(*W*/*V*)

(7)P∶C∶I(苯酚∶氯仿∶异戊醇)= 25∶24∶1 (*V*/*V*)

(8)C∶I(氯仿∶异戊醇)=24∶1 (*V*/*V*)

(9)蛋白酶 K

以 20 $mg \cdot mL^{-1}$ 的浓度溶于 SE (0.05 $mol \cdot L^{-1}$ NaCl、0.1 $mol \cdot L^{-1}$ EDTA、pH 8.0) 中,37℃ 保温自消化 1 h,－20℃下保存备用。

(10)RNase

10 $mg \cdot mL^{-1}$(用 10 $mmol \cdot L^{-1}$ Tris-HCl、15 $mmol \cdot L^{-1}$ NaCl、pH 7.5 溶液配制)100℃ 加热 15 min,缓慢冷却至室温,小量分装后－20℃下保存。

(11)5 $mol \cdot L^{-1}$ $NaClO_4$

3. 主要仪器

恒温培养箱,恒温摇床,台式冷冻离心机,超声波破碎仪,Lambda Bio 20 型紫外分光光度计,琼脂糖凝胶电泳装置等。

四、实验步骤

1. 菌体培养

实验菌株经 YMA 斜面活化后,镜检,确定无杂菌污染后,接种于 TY 液体培养液中振荡培养。28℃下培养至对数生长中期后(约 40 h),收集菌体。

2. 菌体收集

将菌液加入干净的 50 mL 离心管中,5 000 r/min,15 min,4℃离心收集。用

1×TES 悬浮菌体，同样条件下离心、洗涤 3 次。

3. DNA 提取及溶解

2 g 左右菌体，加入 TES (10 mL)，充分打散菌体

↓ 加入溶菌酶 (2 mg)

37℃ 水浴保温 30 ～ 60 min，轻轻摇动

↓ 20% SDS (1 mL，终浓度为 2%)

55℃ 水浴保温 10 min

↓ 蛋白酶 K (50 μg · mL^{-1} 菌液)

55℃ 水浴保温 30 ～ 60 min，轻轻摇动

↓ 2.5 mL 5 mol · L^{-1} $NaClO_4$(终浓度为 1 mol · L^{-1})

加入等体积 P : C : I 混合液，充分振荡使其呈乳浊液约 10 min

↓ 5 000 r/min，4℃，20 ～ 30 min 离心

吸取上层水相，重复以上步骤 2 ～ 3 次至没有蛋白膜出现

↓ RNase (70 μg · mL^{-1} 菌液)

37℃ 水浴保温 30 ～ 60 min

↓

加入等体积的 C : I 混合液，充分振荡

↓ 5 000 r/min，4℃，20 ～ 30 min 离心

吸取上层水相置于冰浴中，然后加入 1/10 倍体积冷 3 mol · L^{-1} NaAc-1 mmol · L^{-1} EDTA-Na_2 及等体积冷异丙醇，使 DNA 沉淀

↓ 用玻璃棒绕起 DNA 丝

置于 70% 乙醇中，于 4℃ 冰箱过夜，以洗涤无机盐和有机溶剂

↓ 95% 乙醇中脱水后风干

溶于 0.1 × SSC 中，纯度检查符合要求后置于 −20℃ 短期保存

4. DNA 纯度检测

将提取到的 DNA 样品，分别测其 260 nm、280 nm、230 nm 的吸光度，如果 $A_{260\ nm}:A_{280\ nm}:A_{230\ nm}=1.0:0.515:0.450$，则其纯度符合实验要求。如果 $A_{280\ nm}$ 和 $A_{230\ nm}$ 与 $A_{260\ nm}$ 的比值分别大于 0.515 和 0.450，需重复提取 DNA 步骤中去蛋白质和 RNA 步骤，直至符合上面比例。

5. DNA 浓度检查

提取的总 DNA 浓度应该大于 $A_{260\ nm}=2.0$ (约 100 μg·mL⁻¹)。

6. DNA 浓度调整

测定 G+C 摩尔百分含量的 DNA 浓度应稀释为 $A_{260\ nm}=0.2\sim0.5$ (溶于 0.1×SSC 中),DNA 溶液的离子强度对 T_m 影响明显,全部供试菌株 DNA 样品的溶解及 T_m 值测定中所需 SSC 缓冲液均需来自同一瓶 10×SSC 母液。

7. 热变性法测定菌株 DNA G+C 摩尔百分含量

以 *E. coli* K-12 菌株的 T_m 值作参比,以消除温度及其他实验误差,*E. coli* K-12 菌株的 DNA 准备和要求同前。测定方法如下:

(1)开机

①打开紫外分光光度计电源(预热 20 min);

②打开循环水浴电源;

③打开温度控制器 (PTP-1)电源;

④打开计算机。

(2)设置参数

①打开[UV Winlab]软件:双击桌面图标[UV Winlab 快捷方式],计算机即顺序安装服务系统(GrapH Sever,Instrument Sever,Report Builder)并出现其方法窗口;

②单击时间驱动[Td]方法:出现其窗口,双击窗口内[DNA DEF. MTD]应用软件,出现其界面,通过[Timed],[Inst],[Sample]参数设置页来设定合适的测定参数;

③检查无误后,单击[Setup]键(注意:绝不能按[Start]键),将仪器调整到所设定的状态;当仪器达到状态时,[Setup]键消失,同时工具条件中的[Start]变成绿色,指示分光光度计已准备好运行;

④将[UV Winlab]的窗口最小化(绝对不能关闭);

⑤从程序中选[Templab]方法:单击开始→光标点到程序→再点到[PE Application]→再点到[Templab]双击,出现其窗口,通过[Steup],[Controller],[Goto],[Instrument]设定合适参数,检查无误后击[Start]键,出现对话框。

(3)测定

①仪器调零:将两个石英比色杯中各加入 1 mL 参比液,然后放入两个比色架内,击对话框中[是 Y],仪器进行调零;

②T_m 值测定：调零结束后出现对话框，此时将靠近操作者的比色杯换上 DNA 样品，插上温度传感器探头，击对话框中 否 N ，仪器开始升温，当达到设定温度时，屏幕则显示吸光值/温度曲线；

③测定结束：仪器已自动结束，按 Stop 键停止该方法（此时请注意 PTP-1 中的 CTRL/PROG 灯应灭），将该窗口最小化。

(4)数据处理

①将 UV Winlab 窗口最大化；

②击 Data handling ，再击 Data Calculator ，出现其窗口，在 Algorithm 中选 Derivation ；

③在 Dataset 方格中，选择原始数据名称，屏幕出现所测定的吸光值/温度曲线；

④在 Derivative order 选 1，表示一阶导数；

⑤在 Number of points 调到 50 左右，使导数光谱图平滑；

⑥在 Result 输入结果文件名；

⑦击 Calculation ，出现一阶导数谱图；

⑧击光标功能键 Activate Vertical Cursor ，在导数光谱图中出现绿色光标，移动光标到吸光值最高峰，其对应的温度即 T_m 值。

(5)输出结果

①建立报告：按报告图标 Copy to Report Builder 可建立报告；

②转存软盘：按存盘图标 Copy to Disk ；

③打印结果：按打印图标 Print Result 。

(6)根据公式计算 DNA G+C 摩尔百分含量。

五、问题及讨论

(1)计算所测菌株的 G+C 摩尔百分含量（要求附上计算机所绘的吸光值/温度曲线图）。

(2)菌株的 DNA 提取中应注意哪些问题？

(3)如果 DNA 纯度达不到要求，会出现什么问题？

(4)影响本实验结果的关键问题有哪些？为什么？

参考文献

[1] De ley J. DNA base composition and hybridization in the taxonomy of phytopathogenic bacteria. A Rev Phytopath. 1968(6)：63-90.

[2] De Ley J. Reexamination of the association between melting point，buoyant density，and chemical base composition of deoxyribonucleic acid. J. Bacteriol. 1970(101)：737-754.

[3] De ley J.，Cattoir H.，and Reynaert S. The quantitative measurement of DNA hybridization from renaturation rates. Eur. J. Biochem. 1970(12)：133-142.

[4] Johnson J. L. Determination of DNA base composition，DNA reassociation and RNA hybridization of bacterial nucleic acid. //Cottschallk，en. Methods in Microbiology. 1985(18)：1-74.

[5] Marmur J. A procedure for the isolation of deoxyribonucleic acid from microorganism. J. Mol. Biol. 1961(3)：208-218.

[6] 林万明. 细菌DNA中G+C含量测定和核酸分子杂交技术及其在细菌分类鉴定中的应用. //程广胜，朱厚础，周方. 分析微生物学专集. 北京：科学技术出版社，1988：88-98.

[7] 林万明. 细菌分子遗传学分类鉴定法. 上海：上海科学技术出版社，1990.

实验二　细菌DNA同源性测定

一、实验目的

学习液相复性速率法测定细菌间DNA-DNA的同源性。

二、实验原理

不同生物DNA碱基排列顺序差异越大，它们的亲缘关系就越远，反之亦然。对不同细菌DNA碱基排列顺序的分析比较，可以探讨细菌之间的亲缘关系，有助于细菌的分类鉴定。DNA同源性测定(DNA-DNA杂交)是比较DNA碱基排列顺序相似性的方法之一。

双链结构的DNA分子在一定条件下(加热或变性剂处理)，两条互补的链可以解开，分解成两条单链，即DNA变性，导致在260 nm的紫外吸收明显增加(即增色效应)；去除变性因素后，在适宜的条件下，变性DNA两条互补的单链又可以重新组合成双链分子，这一过程叫DNA复性，导致在260 nm的紫外吸收明显减少(即减色效应)。不仅同一菌株的DNA单链可以复性成双链，来自不同菌株的DNA单链，只要二者DNA分子的碱基序列具有同源性，它们也会在其同源序列之间互补形成双链(即杂交)。细菌DNA同源程度越高，杂交率也越高，反之亦然。

核酸分子杂交的方法很多，按杂交反应环境可大致分为液相和固相杂交两个基本类型，前者杂交反应在液体中进行，后者杂交反应在固体(通常是硝酸纤维素膜)上进行。固相杂交需要同位素标记DNA，而DNA标记的方法又分体内(活体)标记和体外标记两种。复性速率法是一种不需要同位素标记的液相杂交方法。本实验采用液相复性速率法。

液相复性速率法的依据是细菌等原核生物的DNA通常不包含重复序列，在液体中复性(或杂交)时，同源DNA比异源DNA复性速度快，同源性越高，复性速度就越快。DNA的复性速度可以用紫外分光光度计来测定，根据复性速率和理论推导的公式，可以计算出不同细菌的DNA杂交率。

DNA同源性(H)的计算：据Deley等(1970)公式计算。

$$H=\frac{4v_m-(v_a+v_b)}{\sqrt{v_a\times v_b}}\times 100\%$$

其中，v_a 为样品 A 的自身复性速率；

v_b 为样品 B 的自身复性速率；

v_m 为样品 A 与样品 B 等量混合后的复性速率。

一般情况下，v_a 或 $v_b > v_m > (v_a+v_b)/4$。

三、实验材料

实验材料同实验一。

四、实验步骤

1. 菌体培养、DNA 提取

菌体培养、DNA 提取等要求同实验一。

2. DNA 样品的纯度，离子强度要求

同实验一 G+C 摩尔百分含量测定方法，DNA 片段的大小一般要求在 $2\times10^5\sim5\times10^5$ Da(300～800 bp)(1 Da=1 u，以下同)。DNA 样品的剪切采用超声波法(2 mL 样品，超声功率 40 W，超声 3 s，间隔 4 s，循环 90 次，重复 4 次，每次重复之间将样品上下颠倒几次)，剪切片段的合适大小需用琼脂糖凝胶电泳进行观察，剪切后的 DNA 浓度应在 $A_{260\ nm}=1.5\sim2.0$(溶于 2×SSC 中)，不能高于 2.3。剪切后的样品每毫升中加入 0.24 mL 10×SSC 缓冲液，调节缓冲液为 2×SSC 体系，杂交前，先用 2×SSC 对仪器调零。

3. DNA 复性速率的测定

(1)开机

①打开分光光度计的电源(预热 20 min)；

②打开循环水浴电源；

③打开 PTP-1 温控器电源；

④打开计算机电源。

(2)打开[UV Winlab]应用软件

在桌面上双击[UV Winlab]图标，出现其方法窗口，此时仪器已准备好。

(3)在方法窗口中选择时间驱动[TD]方法，通过[Timed]，[Inst]，[Sample]设置页来设定合适的测定参数。

①Setup：当所需的各参数都已在参数页中设定好后，用鼠标按Setup键，将仪器调整到所设定的状态；当仪器达到状态时，Setup消失，同时工具条中的Start变成绿色，指示分光光度计已准备好运行；

②仪器调零：鼠标按TD方法中的Autozero键，出现对话框，放入参比液仪器调零；

③DNA变性：将剪切好的DNA样品1.0 mL装入石英比色杯中，将比色杯放入可加热的比色架内，然后插入温度传感器探头；将PTP-1温控器温度设定为95℃（注意温控器此时作为controller使用，故CTRL/PROG灯不亮）：按下Func键，出现SP参数状态，通过▲和▼键储存该温度值，当温控器显示屏的上层温度显示达到所设定的温度(95℃)时，开始计时并维持10～15 min；

④设定复性温度(T_{or} = 0.51×G+C摩尔百分含量+47)：上述DNA样品变性结束后，立刻将PTP-1温控器的温度设定为最适复性温度（本实验设为76℃）；几分钟后，当温控器显示屏的上层温度稳定达到设定最适复性温度后，即开始测定复性速率（注意：两菌的自身复性和杂交尽量连续进行，两菌的DNA浓度尽量一致，杂交样品由A、B等量混合）；

⑤复性速率的测定：鼠标按UV Winlab时间驱动TD方法窗口内对话框中的Start键，分光光度计即开始运行，同时计算机屏幕出现图形窗口，将结果显示出来；

⑥数据处理：测定完成后，在UV Winlab方法窗口的任务栏中选Data handling，再选Data calculator，在其中的Algorithm栏中选择Slope，然后在Dataset中调出要处理的数据，选择计算范围，最后按Calculate键，计算机将按程序计算所测直线的斜率(Slope)。即样品的复性速率。

(4)根据公式计算DNA同源性(H%)。

五、问题及讨论

(1)计算所测菌株的DNA同源性（要求附上计算机所绘的杂交曲线并求出斜率）。

(2)说明哪些因素会影响本实验结果的准确性？

(3)分析自身不复性可能由哪些原因造成？

(4)复性温度设定好后，仪器在温度下降中会向下俯冲，然后再升高到复性温度，正确的复性起始时间应从何时开始？

参考文献

[1] De ley J. DNA base composition and hybridization in the taxonomy of phytopathogenic bacteria. A Rev Phytopath. 1968(6)：63-90.

[2] De Ley J. Reexamination of the association between melting point，buoyant density，and chemical base composition of deoxyribonucleic acid. J. Bacteriol. 1970(101)：737-754.

[3] De ley J.，Cattoir H.，and Reynaert S. The quantitative measurement of DNA hybridization from renaturation rates. Eur. J. Biochem. 1970(12)：133-142.

[4] Johnson J. L. Determination of DNA base composition，DNA reassociation and RNA hybridization of bacterial nucleic acid. //Cottschallk，en. Methods in Microbiology. 1985(18)：1-74.

[5] Marmur J. A procedure for the isolation of deoxyribonucleic acid from microorganism. J. Mol. Biol. 1961(3)：208-218.

[6] 林万明. 细菌 DNA 中 G+C 含量测定和核酸分子杂交技术及其在细菌分类鉴定中的应用. //程广胜，朱厚础，周方. 分析微生物学专集. 北京：科学技术出版社，1988：88-98.

[7] 林万明. 细菌分子遗传学分类鉴定法. 上海：上海科学技术出版社，1990.

实验三　细菌的LMW RNA指纹图谱分析及其在分类上的应用

一、实验目的

(1)学习提取稳定的低分子质量 RNA (LMW RNA)的方法；

(2)学习用聚丙烯酰胺凝胶电泳分离 LMW RNA 的方法；

(3)学习 LMW RNA 指纹图谱分析在细菌分类学中的应用。

二、实验原理

RNA 主要有三类:两类是稳定的,即 tRNA 和 rRNA;另一类是不稳定的,即 mRNA。这些 RNA 都以 DNA 为模板,在 RNA 聚合酶催化下合成。原核生物的 mRNA 一经转录通常立即进行翻译,除少数例外,一般不进行转录后加工。但稳定的 RNA 都要经过一系列加工才能成为有活性的分子(图 3-1 和图 3-2)。

稳定低分子质量 RNA (Stable Low Molecular Weight RNA, 简称 LMW RNA),是一类在细菌进化早期就出现,具有相同功能,又相对稳定的小分子质量 RNA,广泛分布于活的生物体中,主要包括 tRNA 和 5S rRNA。tRNA 占细胞内 RNA 总量的 15%,通常由 73～93 个核苷酸组成;在每个细菌细胞内含 50 个左右的 tRNA 分子。5S rRNA 由 100～140 个核苷酸组成,每个细菌细胞内含 1 到多个 5S rRNA。

最早将低分子质量 RNA 应用于细菌鉴定的是 M. G. Höfle,他于 1990 年利用细菌的 tRNA 指纹图谱来鉴定不同的细菌。后来随着聚丙烯酰胺凝胶梯度电泳技术(stair case electrophoresis, SCE)的发展和成熟,LMW RNA 指纹图谱分析在细菌分类中逐渐得以使用。如 Velazquez 等(1998)分析了根瘤菌科(Rhizobiaceae)中 24 个种的模式菌株的 LWM RNA 图谱,发现其图谱具有种水平的差异,得到的聚类树状图与根据 16S rDNA 序列得到的树状图是一致的;它揭示的种、属间的关系也基本上与 DNA-DNA 杂交结果一致。Velazquez 等(2001)还用此项技术研究了分离自阿根廷木豆(*Prosopis alba*)的根瘤菌,结合 SDS 全细胞蛋白电

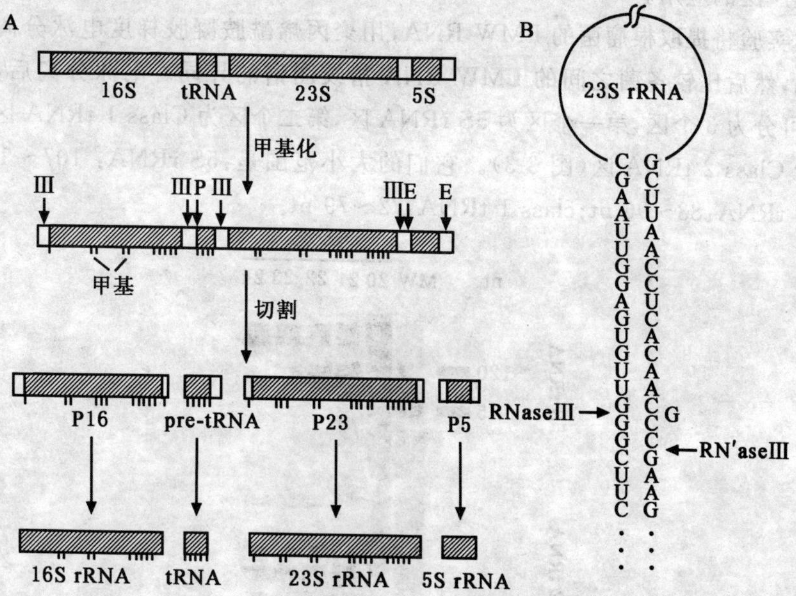

图 3-1　大肠杆菌 rRNA 的加工

(A)rRNA 前体的加工过程；(B)RNase Ⅲ 的切割位点。

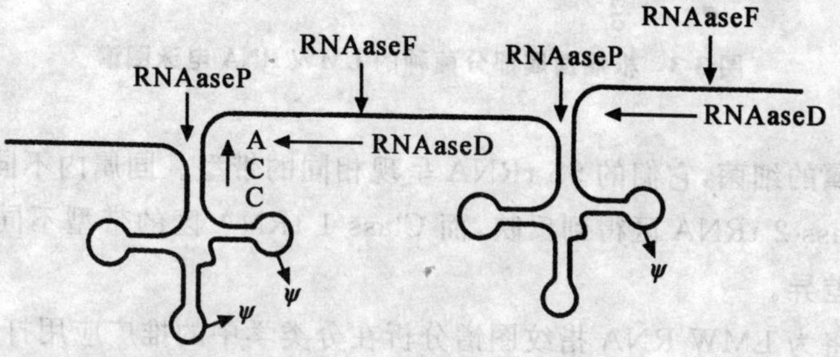

图 3-2　tRNA 前体分子的加工

泳、DNA 碱基组成、DNA-DNA 杂交以及 16S rRNA 基因全序列分析的结果，确立了新种查克中慢生根瘤菌(*Mesorhizobium chacoense*)。虽然 LWM RNA 获得的遗传信息量不大，但结果稳定，并能反映种属间差异，而且此方法快速、便捷，每次可分析数十个样品，各个分子生物学实验室都能开展，因此它在分类学上得到了越来越广泛的应用。

本实验将提取根瘤菌的 LMW RNA,用聚丙烯酰胺凝胶梯度电泳分离后,进行染色,然后比较各菌之间的 LMW RNA 指纹图谱的异同。电泳分离后,LMW RNA 可分为 3 个区,第一个区为 5S rRNA 区,第二个区为 Class 1 tRNA 区,第三个区为 Class 2 tRNA 区(图 3-3)。它们的大小范围是:5S rRNA: 107～131 nt;class 2 tRNA:83～96 nt;class 1 tRNA:72～79 nt。

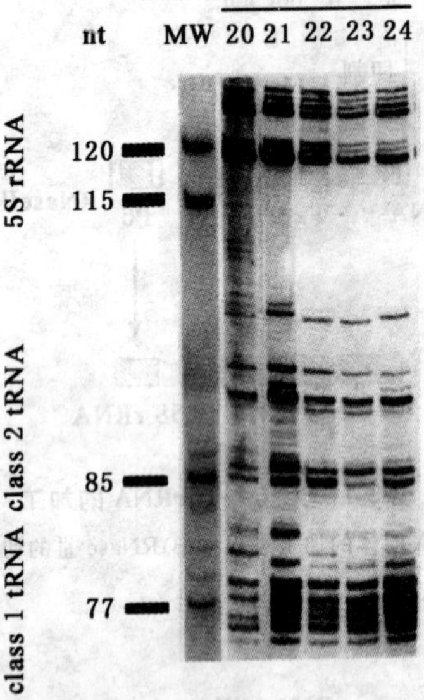

图 3-3 根瘤菌属部分菌种的 LMW RNA 电泳图谱

同一个属的细菌,它们的 5S rRNA 呈现相同的带型。同属内不同菌种之间的差异可在 Class 2 tRNA 区得到反映,而 Class 1 tRNA 区的带型不同则反映菌株水平之间的差异。

本实验将为 LMW RNA 指纹图谱分析在分类学中的推广应用打下基础。

三、实验材料

1. 菌株

Rhizobium sp.(根瘤菌):来自于同一属内不同的种或不同属内的种,以对其进行比较。

2. 培养基及试剂

(1)YMA固体培养基

酵母粉	0.8 g	甘露醇	10 g
$K_2HPO_4 \cdot 3H_2O$	0.25 g	KH_2PO_4	0.25 g
$MgSO_4 \cdot 7H_2O$	0.2 g	NaCl	0.1 g
琼脂粉	15 g	去离子水	1 000 mL

pH 6.8～7.0

121℃下灭菌20 min

(2)TY液体培养基

胰蛋白胨	5 g	酵母粉	3 g
$CaCl_2 \cdot 2H_2O$	0.7 g	去离子水	1 000 mL

pH 6.8～7.2

121℃下灭菌20 min

(3)0.1% N-LSS (N-lauroyl sarcosine sodium salt)(N-十二烷基肌氨酸钠)

配20 mL，需0.04 g N-LSS (每个样品需加入200 μL)。

(4)1%SDS醋酸溶液

配50 mL，用含10 mmol・L^{-1} EDTA，50 mmol・L^{-1}醋酸钠的溶液配制1% SDS，然后用醋酸调pH值至5.1。

(5)Loading solution

蔗糖：300 mg・mL^{-1}　　脲：460 mg・mL^{-1}

二甲苯蓝(xylene cyanol)：1 mg・mL^{-1}　　20% SDS：10 μL・mL^{-1}

(6)14% acrylamide/bis (29∶1)

要求电泳级的试剂。溶于含有7 mol・L^{-1}脲的TBE缓冲液中。

(7)1×TBE缓冲液

100 mmol・L^{-1} Tris，83 mmol・L^{-1}硼酸，1 mmol・L^{-1} EDTA，pH 8.5。

(8)10% 过硫酸铵(现配现用)。

(9)硝酸银、37%甲醛、冰醋酸。

(10)显影液

30 g碳酸钠溶于1 L去离子水中，使用前加1.5 mL 37% 甲醛和200 μL硫代硫酸钠溶液(10 mg・mL^{-1})。

(11)TEMED

TEMED从公司订购。

(12)亲和硅烷(0.2%)

1.5 mL 95%酒精中加入 4 μL 冰乙酸、4 μL 亲和硅烷,混匀后立即使用。

(13)剥离硅烷

直接从公司订购,每次用量 5~10 mL。

(14)DEPC 水(DEPC 即焦碳酸二乙酯,用以除去 RNase)

1 000 mL 去离子水中加入 1 mL DEPC,盖紧塞子振摇,静置过夜,再加上塑料袋封紧瓶口,高压灭菌 30 min,灭菌两次以除去残留的 DEPC,备用。

(15)1×TES

50 mmol·L^{-1} NaCl,5 mmol·L^{-1} EDTA-Na_2,50 mmol·L^{-1} Tris-HCl,pH 8.0~8.2。

(16)去离子水。

(17)甘油。

3. 主要器皿及仪器

塑料染色盘(4 个),20 cm×30 cm 玻璃板 5 套(六一仪器厂),冰箱,恒温培养箱,恒温摇床,脱色摇床,小型台式离心机,梯度电压电泳仪,电泳槽,不同规格的移液器,数码相机或凝胶成像拍照系统等。

四、实验步骤

1. 根瘤菌活化、培养、收集、保藏

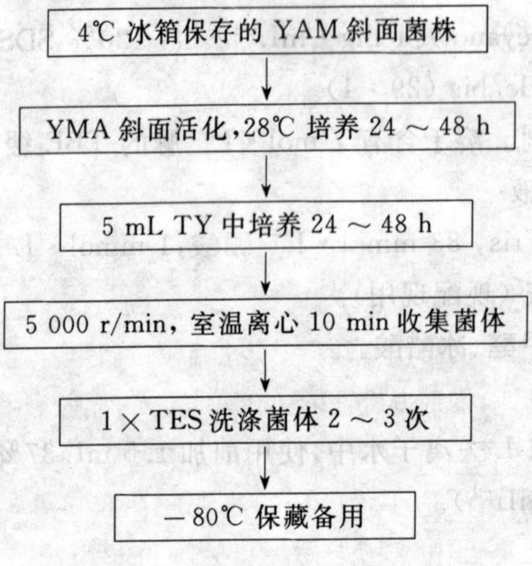

2. LMW RNA 提取

取冻融的细胞

↓

加入 200 μL 0.1% N-LSS 悬浮菌体细胞

↓

12 000 r/min,室温离心 15 min

↓

弃上清,加入 100 μL 醋酸 /SDS 溶液

↓

100℃ 加热 5 min

↓

加入 900 μL DEPC 处理的去离子水

↓

12 000 r/min,室温离心 15 min

↓

吸取 700 μL 上清,－80℃ 保存备用

操作过程中要防止 RNA 降解,因此使用 DEPC 处理的去离子水。

3. 制胶

将待用的玻璃板(20 cm×30 cm)用 2 mol·L^{-1} NaOH 浸泡 2 h,然后用洗涤灵把玻璃板反复擦洗干净,用 95%酒精擦洗一次,干燥。其中一块带凹槽的玻璃板用高级餐巾纸粘剥离硅烷(5～10 mL)反复擦拭均匀。剥离硅烷处理的目的是电泳结束后,凝胶容易从玻璃板上剥离下来;另一块平整的玻璃板用 0.2%亲和硅烷约1.5 mL 反复擦拭,电泳后凝胶粘在此块板上,便于后期的染色和观察。擦拭完毕后,每块玻璃板再用 95%酒精擦洗一次,以去除多余的硅烷。处理完毕后晾干。将处理过的两块板平整地叠放在一起,两边封以厚度为 0.4 mm 的边条,并用夹子对称夹紧。玻璃板的组装见图 3-4。

取 20 mL 14%丙烯酰胺胶,80 μL 10%过硫酸铵,10 μL TEMED 3 种药品,混匀后灌胶。制胶过程要迅速,灌胶从带凹槽的一端灌入,灌胶过程中,不能有气泡产生。灌胶结束后迅速将梳子(有长城齿的一边)插入到凝胶内。室温凝固 40 min 至 1 h。若凝胶较长时间不用,则用浸透 1×TBE 的滤纸放在胶口处,并覆以保温膜,以防止胶干裂。将制成的胶板夹到电泳槽上。加上 1×TBE 电泳液。整套装置放入 60℃恒温箱内 800 V 预电泳 30 min。从温箱内取出装置,小心拔去梳子。

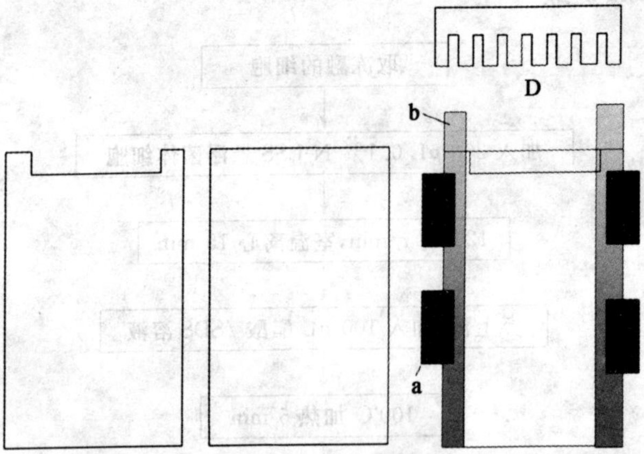

图 3-4　玻璃板的种类、组装及梳子

(A)带凹槽的玻璃板;(B)无凹槽的平边玻璃板;(C)两块玻璃板组装到一起,边上有边条;(D)长城齿梳子。

a 夹子　b 边条

4. 变性梯度聚丙烯酰胺电泳

新的无菌离心管内加入 5 μL 样品与 3 μL Loading solution,混匀

↓

将离心管放入 60℃ 温箱保温 10 min

↓

将全部 8 μL 样品用微量进样器加到点样孔内

↓

将电泳系统置于 60℃ 温箱中

↓

开始电泳,电压从最初的 50 V 上升到 850 V,每 10 min 以 50 V 的速度上升

↓

电泳结束后,关闭电泳仪,取出电泳装置

↓

小心取下玻璃板,将玻璃板揭开,注意使凝胶粘在擦有亲和硅烷的玻璃板上

↓

进行下一步的染色

5. 染色

(1)固定：将凝胶在 1 000 mL 10%醋酸中浸泡 30 min 至 1 h，至指示剂褪色，倒去固定液；

(2)冲洗：用适量去离子水冲洗胶板 3 次，每次 2 min，倒去去离子水；

(3)染色：加入染色液(使用前 10 min 配制；1 g $AgNO_3$，1.5 mL 37%甲醛，去离子水 1 000 mL)染色 30 min；

(4)二次冲洗：用去离子水快速冲洗胶板不超过 5 s；

(5)显影：把胶板迅速转移到 1 000 mL 冷却的显影液中，轻轻摇动，直到条带清晰出现；

(6)定影：将凝胶移到 10%冰醋酸中，使显影终止，摇动 3～5 min；

(7)扫描保存图像或数码相机拍摄保存。

6. 图谱分析

分析电泳图谱中三个区，分别为 5S rRNA 区，Class 2 tRNA 区，Class 1 tRNA 区，比较不同泳道所代表的菌株在三个区上的异同。5S rRNA 区反映的是属的水平，Class 2 tRNA 区反映的是种的水平，Class 1 tRNA 区反映的是菌株的水平。具体分析时结合指导教师提供的菌株的异同一并考虑。

五、问题及讨论

(1)请分析实验结果，并结合指导教师提供的菌株的其他信息来推测它们的分类地位。

(2)总 RNA 提取过程及电泳过程中的注意事项主要有哪些？

(3)讨论 LMW RNA 在微生物分类上应用的可行性。

参考文献

[1] Höfle M. G. Transfer RNAs as genotypic fingerprints of eubacteria. Arch. Microbiol. 1990(153)：299-304.

[2] Velázquez E.，Cruz-Sánchez J. M.，Mateos P. F.，*et al*. Analysis of stable low-molecular-weight RNA profiles of members of the family *Rhizobiaceae*. Appl. Environ. Microbiol. 1998(64)：1555-1559.

[3] Velázquez E.，Igual J. M.，Willems A.，*et al*. *Mesorhizobium chacoense*

sp. nov., a novel species that nodulates *Prosopis alba* in the Chaco Arido region (Argentina). Int. J. Syst. Evol. Microbiol. 2001(51): 1011-1021.

[4] Velázquez E., Rivas R., del Villar M., *et al*. A new approach for separating low-molecular-weitht RNA molecules by staircase electrophoresis in non-sequencing gels. Electrophoresis. 2006(27): 1732-1738.

实验四　大肠杆菌质粒的提取、转化及重组质粒的检测

一、实验目的

本实验要求掌握大肠杆菌感受态细胞的制备、质粒提取、转化及其检测等分子生物学技术的基本原理和方法。

二、实验原理

1. 质粒转化

将外源 DNA 分子引入受体细胞以传递遗传信息的过程称为转化(transformation)。在自然条件下,只有少数细菌如肺炎链球菌、芽孢杆菌、流感嗜血杆菌等能发生转化作用,其他大多数细菌(包括大肠杆菌)是不发生自然转化的。1970年,Mandel 和 Higa 首次证明受冰冷氯化钙及短暂加热处理后的细菌能被 λ 噬菌体所转染。1972 年,Cohen 及其同事用同样方法成功地用质粒对细菌进行了转化,进而使转化成为异源 DNA 在细胞间转移的重要手段。目前,实际工作中所指的转化,主要包括质粒 DNA 及以质粒为载体的体外重组体进入细菌细胞的过程。

细菌能从周围环境中吸取 DNA 的生理状态称为感受态。转化的第一步需要使细菌处于感受态。大肠杆菌和许多 G^- 细菌,通过二价阳离子处理,能产生感受态;对另一些细菌特别是 G^+ 细菌包括放线菌,则可通过制备原生质体实现 DNA 转化。被外源 DNA 转化的受体细胞称为转化子(transformant)。

大肠杆菌感受态细胞的制备一般采用氯化钙法。该方法是一种最常用的方法,用这种方法制备的大肠杆菌感受态细胞,可使每微克质粒 DNA 产生 $10^6 \sim 10^7$ 个转化子,这样的转化效率足以满足所有在质粒中进行的常规克隆的需要。该方法完全适用于大多数大肠杆菌菌株,制备的感受态细胞可贮存于-70℃,但保存时间过长会使转化效率在一定程度上受到影响。氯化钙诱导细菌处于感受态而使 DNA 分子容易进入感受态细胞的详细机制目前还不十分清楚,可能是 Ca^{2+} 使细菌细胞膜的通透性发生变化,DNA 分子通过膜脂相收缩的瞬间所裂开的空隙穿透而过。

用作感受态细胞的细菌，需要是限制-修饰系统缺陷的突变株，即不含有限制性内切酶和甲基化的突变株，常用 R^-M^- 符号表示。若不是 R^-M^- 缺陷型细菌，转化进入的 DNA 分子将被降解，使转化不能成功。

外源 DNA 转入细胞的能力一般用转化率来表示。转化率的计算方法一般是以每微克 DNA 所产生的转化菌落(或转化子)来表示。转化率的高低受多种因素的影响：首先，是受体细菌的影响，实验证明，同一种 DNA 分子，对不同的细菌有不同的转化率；其次，DNA 分子也影响转化率，如质粒越小转化率越高，而质粒越大转化率越低，对于大于 15 kb 的质粒用氯化钙制备的感受态细胞则很难转化；除此之外，在制备感受态细胞的过程中，大肠杆菌的培养时间、氯化钙的浓度、Ca^{2+} 的作用时间、用以转化的 DNA 等也都影响转化率。

除用氯化钙方法制备感受态细胞进行大肠杆菌的转化以外，电转化法(高压电穿孔法)已被成功地用于大肠杆菌和其他细菌的转化中。通过优化各个参数，每微克 DNA 可以得到 10^9～10^{10} 个转化子，这些参数包括电场强度、电脉冲的长度和 DNA 浓度。

2. 质粒 DNA 的提取

质粒(plasmid)一般是指存在于细菌、放线菌及真菌等微生物细胞中，独立于染色体外，能进行自我复制的遗传因子。质粒(特别是细菌质粒)分子大小为 1～1 000 kb，通常是共价、闭合、环状的双链 DNA(covalent closed circular DNA，简称 ccc DNA)，并以超螺旋状态存在于宿主细胞中。

从细菌中分离质粒 DNA 的方法包括 3 个基本步骤：培养细菌扩增质粒；收集和裂解细胞；分离和纯化质粒。常用的质粒提取方法有碱裂解法和煮沸法。碱裂解法提取质粒的原理是基于染色体 DNA 与质粒 DNA 的变性与复性的差异而达到分离目的。在 pH 值高达 12.6 的碱性条件下，染色体 DNA 的氢键断裂，双螺旋结构解开而变性。质粒 DNA 的大部分氢键也断裂，但超螺旋共价闭合环状结构的两条互补链不会完全分离，当加入 pH 4.8 的乙酸钾(KAc)高盐缓冲液调节 pH 值至中性时，变性的质粒 DNA 又恢复到原来的天然状态的超螺旋结构保存在溶液中，而染色体 DNA 不能复性形成缠连的网状结构。通过离心，染色体 DNA、蛋白质-SDS 复合物等一起沉淀下来而被除去。

在细菌细胞内，共价闭合环状(ccc DNA)质粒以超螺旋形式存在。在质粒提取过程中，除了超螺旋 DNA 外，还会产生其他形式的质粒 DNA。如果质粒 DNA 两条链中有一条链发生一或多处断裂，DNA 分子就能旋转而消除链的张力，形成松弛型的环状分子，称开环 DNA(open circular DNA，简称 ocDNA)；如果质粒 DNA 的两条链在同一处断裂，则形成线状 DNA (linear DNA)。当提取的质粒

DNA 电泳时,同一质粒 DNA 其超螺旋形式的泳动速度要比开环和线状分子的泳动速度快。

3. 质粒检测

常用以下 5 种方法来鉴定含重组质粒的细菌菌落:①α-互补;②单菌落直接快速鉴定(cracking);③菌落 PCR;④重组质粒的酶切检测;⑤杂交筛选。其中前 4 种方法比较常用,下面作详细介绍。

(1)α-互补

现在使用的许多载体(如 pUC 系列,见图 4-1)都带有大肠杆菌 β-半乳糖苷酶基因(*lacZ*)的启动子及其编码 α-肽链的 DNA 序列,此结构称为 *lacZ'* 基因。*lacZ'* 基因编码的 α-肽链是 β-半乳糖苷酶的氨基端的短片段。在 α-肽链的 DNA 序列中插入了一个多克隆位点,它并不破坏可读框,也不影响该基因的功能。这种载体适用于可编码 β-半乳糖苷酶 C 端部分序列的宿主细胞。虽然宿主和质粒编码的片段单独存在时各自都没有活性,当它们共同存在时便会产生出有功能活性的 β-半乳糖苷酶分子,这种现象称为 α-互补。因此,当 pUC 质粒转化了染色体基因组存在着此种 β-半乳糖苷酶突变的大肠杆菌细胞(如 DH5α 和 JM109)之后,在生色底物 5-溴-4 氯-3 吲哚-*β*-*D*-半乳糖苷(X-gal)和诱导物 IPTG 存在下形成蓝色菌落。然而外源 DNA 片段插入到质粒的多克隆位点后,会阻断 α-肽链的合成,因此,含有重组质粒的克隆是无色的,它可以与含有非重组质粒的克隆所形成的蓝色菌落明显地区别开来。这种鉴定重组体的方法被形象地称之为蓝白筛选,仅通过目测就可以筛选数千个菌落,并识别可能带有重组质粒的菌落,大大简化了鉴定重组体的工作。然后通过小量提取质粒进行限制酶切分析,就可以确证质粒的结构。

(2)单菌落直接快速鉴定(cracking)

从转化平板上分别挑取若干白色单菌落和几个蓝色单菌落,点接种于含有相应抗生素的 LB 平板上,37℃培养 16~18 h。做快速检测时,用无菌牙签挑取少许菌落于 Eppendorf 管的底部,加入 20 μL 1×cracking 缓冲液(2×cracking buffer:0.2 mol·L^{-1} NaOH,0.5% SDS,0.05%溴酚蓝,20%蔗糖),在旋涡器上剧烈振荡 3~5 min,离心后吸取上清液进行琼脂糖凝胶电泳。重组质粒中由于含有外源 DNA 片段而比非重组质粒的分子质量大,因此,白色菌落中的重组质粒 DNA 的迁移率比蓝色菌落中的非重组质粒 DNA 的迁移率慢。

(3)菌落 PCR

聚合酶链式反应(Polymerase Chain Reaction,PCR)是一种选择性体外扩增 DNA 的方法。它包括以下 3 个基本步骤。

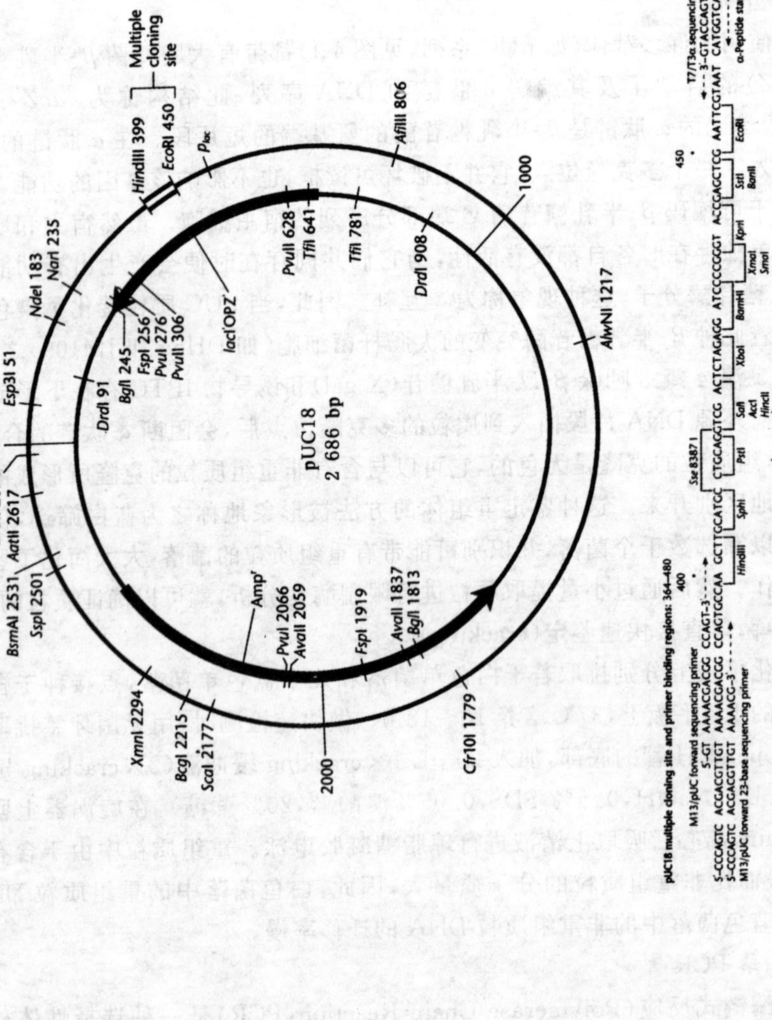

图 4-1 质粒 pUC18 的限制性内切酶图谱

①变性 (denaturation):双链 DNA 分子在高温(94℃)下解链;

②退火 (annealing):两个寡核苷酸引物在适当的温度(50～60℃)下,与模板上的目的序列配对;

③延伸(extension):在 Taq DNA 聚合酶的作用下,以目的 DNA 为模板合成 DNA。由这三个基本步骤组成一个循环,理论上每一轮循环使目的 DNA 扩增一倍,这些新合成的 DNA 又可作为下一轮循环的模板。经过 25～35 轮循环就可以使 DNA 扩增达 10^6 倍。

菌落 PCR 无需进行质粒的提取,质粒转化后转化子长好即可进行。分别用无菌牙签挑起单菌落于 10～20 μL 无菌水中,取 1 μL 菌液用作 PCR 扩增的模板,利用合适的引物可检测质粒中是否有插入及插入方向是否正确,PCR 结束后通过琼脂糖凝胶电泳检测扩增条带大小是否正确。剩下的菌液可用于接种以提取质粒。

(4)重组质粒的酶切检测

限制性内切酶(restriction endonulease)能识别 DNA 分子中的特异序列,并在此特异位点将双链 DNA 切断。限制性内切酶的高度特异性与反应条件有关,每种酶都要求最适当的反应条件,如缓冲液、甘油浓度和反应温度等,当这些条件改变时,酶切效率及某些酶的识别序列将改变。

所加酶量一般应小于酶切反应体积的 10%,并考虑 DNA 的分子质量大小和质粒上酶切位点的多少。最适反应温度一般为 37℃,个别内切酶不同,如 *Sma* Ⅰ 的最适反应温度为 25℃。

三、实验材料

1. 菌株

大肠杆菌(*E. coli*)DH5α。

2. 抗生素

氨苄青霉素(Ampicillin, AMP),保存浓度为 100 mg · mL^{-1},使用浓度为 100 μg · mL^{-1}。

3. 培养基和试剂

(1)LB 培养基

胰蛋白胨	10 g	酵母膏	5 g
NaCl	10 g	加蒸馏水至 1 L,调 pH 值至 7.2	

121℃下灭菌 20 min

(2)溶液Ⅰ

50 mmol · L^{-1} 葡萄糖,25 mmol · L^{-1} Tris-HCl (pH 8.0),10 mmol · L^{-1} EDTA (pH 8.0)

115℃下灭菌 20 min，4℃下贮存。

(3)溶液Ⅱ

0.2 mol·L^{-1} NaOH，1% SDS，用 10 mol·L^{-1} NaOH 和 10%SDS 贮液新鲜配制并在室温下使用。

(4)溶液Ⅲ

60 mL 5 mol·L^{-1}乙酸钾，11.5 mL 冰乙酸，28.5 mL 水。

(5)TE

10 mmol·L^{-1} Tris-HCl(pH 8.0)，1 mmol·L^{-1} EDTA (pH 8.0)。

121℃下灭菌 20 min，4℃下贮存。

(6)其他试剂：10% SDS，10 mol·L^{-1} NaOH，100 mmol·L^{-1} $CaCl_2$(过滤除菌)，100 mmol·L^{-1} $CaCl_2$(含 20%甘油，过滤除菌)，酚：氯仿：异戊醇(25：24：1)，氯仿：异戊醇(24：1)，无水乙醇，70%乙醇，200 mg·mL^{-1} IPTG，20 mg·mL^{-1} X-gal，无菌水。

4. 主要器皿和仪器

离心机，恒温培养箱，恒温摇床，恒温水浴，玻璃刮铲，无菌吸管(1 mL，10 mL)，微量取样器，离心管(50 mL、1.5 mL)，无菌枪头，三角瓶，试管，无菌牙签。

四、实验步骤

1. 大肠杆菌感受态细胞的制备(氯化钙法)

(1)挑取大肠杆菌单菌落接种于 2 mL LB 培养液中，37℃振荡培养过夜，取 500 μL 菌液接种于 50 mL LB 培养液中，37℃振荡培养至 OD_{600} 为 0.4 左右(需要 2～3 h)。

(2)将菌液冰浴 10 min 后，5 000 r/min 4℃下离心 10 min 收集菌体。倒出培养液，将管倒置 1 min 以使最后残留的痕量培养液流尽。

(3)加入 10 mL 预冷的 100 mmol·L^{-1} $CaCl_2$(事先过滤除菌)，悬浮菌体(动作要轻柔，不可剧烈振荡)，冰浴 20 min。

(4)5 000 r/min 4℃下离心 10 min 收集菌体倒出培养液，将管倒置 1 min 以使最后残留的痕量培养液流尽。

(5)加入 2 mL 预冷的 100 mmol·L^{-1} $CaCl_2$(含 20%甘油)，悬浮菌体(动作要轻柔，不可剧烈振荡)，按 200 μL 的体积分装于微量离心管中，4℃下保存 12～24 h 内使用或－70℃保存备用。

注意事项：所有操作必须在无菌条件下进行。为提高感受态的转化效率，尽可能使用蒸馏水配制培养基和试剂，保证玻璃和离心管清洁，不受洗涤剂和其他化学物质污染。

2. 小量提取质粒 DNA 的方法(碱裂解法)

(1)挑取单菌落，接种到含适当抗生素的 2 mL LB 培养基中，37℃振荡培养过夜。

(2)将菌液倒入 1.5 mL 的 Eppendorf 管中，8 000 r/min 室温下离心 30 s 收集菌体。

(3)菌体用 100 μL 预冷的溶液Ⅰ剧烈振荡悬浮。

(4)加入新配置的 200 μL 溶液Ⅱ，颠倒混匀后，冰浴 5 min。

(5)加入预冷的 150 μL 溶液Ⅲ，轻轻颠倒混匀后，冰浴 5 min。

(6)加入等体积的酚：氯仿：异戊醇(25：24：1)，10 000 r/min 离心 5 min，取上清液至新管。

(7)向上清液中加入等体积的氯仿：异戊醇(24：1)，10 000 r/min 离心 5 min，取上清液至新管。

(8)向上清液中加入 2 倍体积的无水乙醇，混匀，－20℃沉淀 20 min。

(9)10 000 r/min 离心 10 min，沉淀用 70%乙醇洗涤，真空干燥。

(10)将质粒 DNA 溶于 20 μL TE (含 20 μg · mL^{-1} RNase A)，－20℃保存备用。

3. 转化大肠杆菌

(1)将 1 μL 质粒 DNA 或 5～10 μL DNA 连接产物，加入到 200 μL 感受态细胞中，轻轻混匀，冰浴 30 min。

(2)42℃水浴热击 90 s。

(3)迅速置于冰上 3～5 min，加入 800 μL LB 培养液，移至 37℃摇床上，温育 45～60 min 使细菌复苏并表达质粒编码的抗生素抗性基因。为最大限度地提高转化效率，复苏期应温和地摇动细胞。

(4)取 100 μL 菌液，涂布含 100 μg · mL^{-1} 氨苄青霉素的 LB 平板(如进行蓝白筛选，在含有氨苄青霉素的 LB 平板上预先涂布 40 μL X-gal 和 4 μL IPTG，也可将 X-gal 和 IPTG 加入温育后的菌液中一起涂布)，37℃培养 12～16 h。

4. 质粒 DNA 的酶切检测

在 20 μL 的反应体系中，加 0.5～1 μg 质粒 DNA 和相应的反应缓冲液，加 5 U 的限制性内切酶，37℃保温 2～4 h。反应结束后，加入 4 μL 上样缓冲液，于 0.8% 琼脂糖凝胶电泳检测。

5. 转化子的菌落 PCR 检测

用无菌牙签挑起单菌落加入含有 20 μL 无菌水的 Eppendorf 管中，制备菌悬液。在另一 Eppendorf 管中，依次加入表 4-1 中溶液。

表 4-1 Eppendorf 管中加入溶液 μL

ddH_2O	12.2
10×PCR buffer	2
2.5 $mmol \cdot L^{-1}$ dNTP	1.6
Primer 1 (20 $\mu mol \cdot L^{-1}$)	1
Primer 2 (20 $\mu mol \cdot L^{-1}$)	1
DMSO	1
Taq DNA Polymerase (5 $U \cdot \mu L^{-1}$)	0.2
菌悬液	1
总体积	20

然后在反应液上面覆盖 25 μL 液体石蜡，以防水分蒸发（有些 PCR 仪可不加液体石蜡）。

反应条件：94℃，5 min；94℃/30 s，60℃/45 s，72℃/1 min，共进行 25 个循环；最后于 72℃延伸 10 min。反应结束后，取 5 μL PCR 反应产物，加 1 μL 上样缓冲液，于 0.8%琼脂糖凝胶电泳检测。

五、问题及讨论

(1)计算转化率。

(2)分析实验结果，并说明影响细菌质粒转化的因素有哪些？

参考文献

[1] Birnboim H. C., Doly J. A rapid alkaline procedure for screening recombinant plasmid DNA. Nucleic Acid Res. 1979(7):1513-1523.

[2] Cohen S. N., Chang A. C. Y., Hsu L. Nonchromosomal antibiotic resistance in bacteria: Genetic transformation of *Escherichia coli* by R-factor DNA. Proc Natl Acad Sci. 1972(69):2110-2114.

[3] Dower W. J., Miller J. F., Ragsdale C. W. High efficiency transformation

of *E. coli* by high voltage electroporation. Nucleic Acid Res. 1988(16): 6127-6145.

[4] Ullmann A., Perrin D. Complementation in galactosidase. //J. R. Beckwith and D. zipser. The lactose operon, Cold Spring Harbor. laboratory. Cold Spring Harbor, New York. 1970: 143-172.

[5] Sambrook, 等. 分子克隆实验指南, 3 版. 黄培堂, 等译. 北京: 科学出版社, 2002.

实验五 链霉菌原生质体的转化及转化子的鉴定

一、实验目的

掌握链霉菌原生质体的制备，质粒的提取、转化以及转化子的筛选鉴定等技术。

二、实验原理

链霉菌是一类非常特殊的原核微生物，属革兰氏阳性菌，细胞壁的组成主要是肽聚糖。其个体形态不同于大多数的典型细菌，为分枝繁茂的菌丝体，菌丝无隔多核，主要以孢子进行繁殖。链霉菌的菌丝根据形态和功能的不同，可分为基内菌丝、气生菌丝及孢子丝。除了复杂的形态分化之外，链霉菌还具有产生多种次级代谢产物的能力，据统计，约有70%的天然抗生素是由链霉菌产生的。由于链霉菌具有复杂的形态分化和次级代谢，是研究原核生物发育调控的模式生物。

与一般细菌相比，链霉菌生长较慢，在固体平板上需7～10 d才能成熟，菌落特征不同于大多数典型细菌。菌落呈同心圆，放射状，表面干燥，正反面的颜色不同，边缘与中央的颜色也常不同，还常有特征性的色素，与固体培养基结合得比较紧密。在液体培养基中生长也需2～3 d。在液体培养时，由于链霉菌会形成很长的菌丝体，容易结球，严重影响以后的遗传操作。常采用高浓度的蔗糖(如变铅青链霉菌，34%蔗糖；阿维链霉菌，25%蔗糖)，以分散菌丝体，并加入玻璃珠以打散菌丝体。与大肠杆菌不同，链霉菌的细胞膜外有很厚的细胞壁包围。因此，在对链霉菌进行遗传操作(如提取总DNA或提取质粒)时，首先需要用溶菌酶处理，将细胞壁去掉。

鉴于链霉菌所产生抗生素的巨大经济价值，建立链霉菌的高效遗传操作系统是非常重要的，因为无论是链霉菌的次级代谢和形态分化的研究，还是利用代谢工程育种、组合生物合成产生新的杂合抗生素，都需要高效的遗传操作系统才能实现。链霉菌的遗传操作系统主要有3种：PEG(聚乙二醇)介导的原生质体转化法、接合转移法和电转化法。其中PEG介导的原生质体转化法较为常用，在高浓度PEG存在的条件下，质粒DNA可以很高的频率转化链霉菌原生质体，每微克

ccc DNA 可产生 $10^3 \sim 10^6$ 个转化子，如变铅青链霉菌和天蓝色链霉菌每微克 ccc DNA可产生 $10^6 \sim 10^7$ 个转化子。影响原生质体再生及转化率的因素很多，其中最重要的是：培养菌丝体所用的培养基、制备原生质体时菌丝体的菌龄、菌丝体生长和原生质体再生的培养温度、用于转化的原生质体数目、再生平板的干燥程度以及培养基的组成。在制备原生质体以及转化时，要综合考虑这些因素，以得到尽可能高的转化率。就变铅青链霉菌（*Streptomyces lividans*）来说，在液体培养基上生长 36～40 h，培养物呈现粉红色时，所制备的原生质体转化率最高。原生质体对渗透压十分敏感，如果在低渗溶液中，会吸水膨胀，膨压过大最后会导致破裂；而在高渗溶液中，原生质体脱水而能够保持完整。因此，在原生质体制备及其再生的过程中，需要一直处于高渗环境中（10.3%的蔗糖浓度）以防原生质体破裂。

与大肠杆菌的质粒相似，根据复制子不同，链霉菌的质粒也有高拷贝与低拷贝之分。如 pIJ101 及其衍生的质粒是高拷贝的，拷贝数为 40～300；而 SLP1.2（拷贝数 4～5）和 SCP2（拷贝数 1～2）衍生的质粒却是低拷贝的。本实验所用的 pIJ702 是 pIJ101 衍生的质粒，为硫链丝菌素（thiostrepton）抗性，在质粒 pIJ702 上还含有黑色素（酪蛋白酶）合成基因 *melC1*/*melC2*，pIJ702 是常用的链霉菌克隆质粒，其物理图谱见图 5-1。此外，因为链霉菌的遗传操作耗时费力，为便于基因操作，人们还构建了兼有链霉菌和大肠杆菌复制子的大肠杆菌－链霉菌穿梭质粒，这样基因克隆的工作就可以在大肠杆菌中完成。

链霉菌质粒的提取一般采用碱性溶菌法。溶菌酶处理后用碱性 SDS 使细胞裂解，在强碱性和加热条件下，染色体 DNA 的氢键断裂，双螺旋结构解开而变性形成单链 DNA。质粒 DNA 的大部分氢键也断裂，但超螺旋共价闭合环状结构的两条互补链不会完全分离，酸性苯酚的加入可将样品的 pH 值降低到 10 左右，使得 ccc DNA 得以复性，而大部分单链 DNA 不能复性。通过离心可使质粒（在上清中）与蛋白质、总 DNA 等沉淀分开，再通过异丙醇沉淀收获质粒。此时所得沉淀中还有单链 DNA，可通过在小体积内加 pH 自然的醋酸钠选择性地去除样品中残留的大部分单链 DNA。

本实验采用的宿主是变铅青链霉菌 TK54，它不含已知质粒，遗传背景清晰，外源 DNA 容易对其进行转化。在大多数链霉菌中存在很强的限制修饰系统，用提自大肠杆菌 DH5α 的大肠杆菌-链霉菌穿梭质粒直接转化链霉菌，转化效率极低，有时甚至得不到转化子。因此，常采用提自 *E. coli* ET12567 中无甲基化的质粒，或者提自变铅青链霉菌的质粒转化目的链霉菌菌株，转化频率可明显提高。

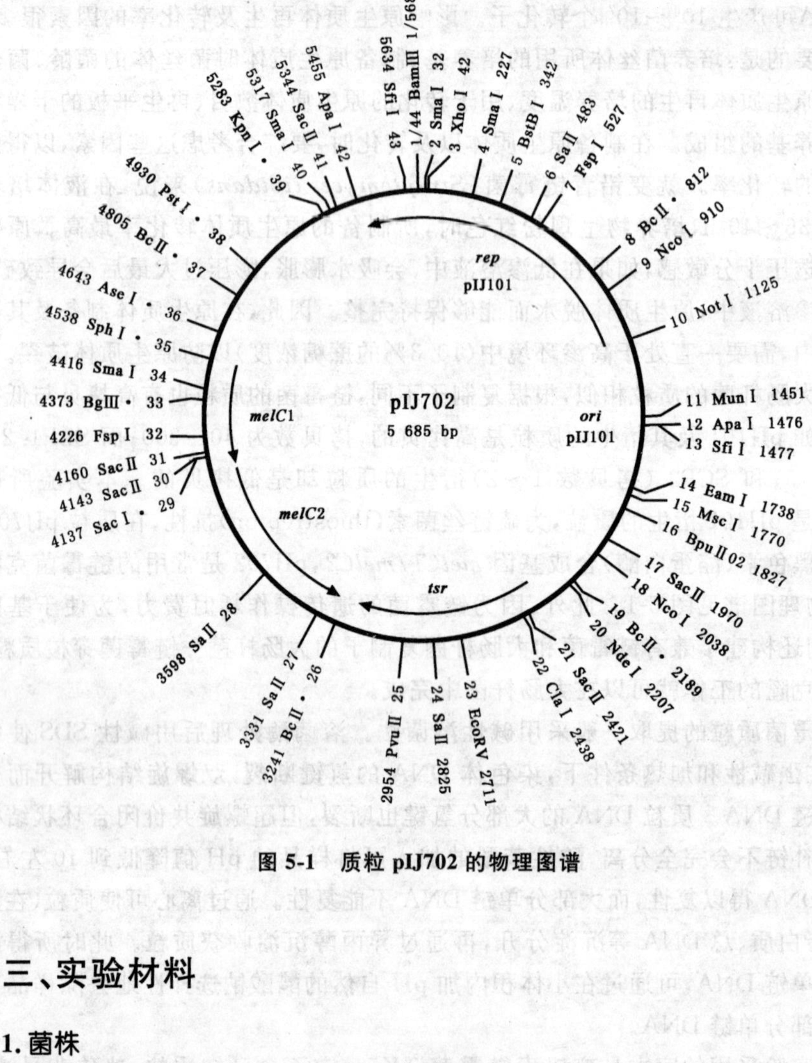

图 5-1 质粒 pIJ702 的物理图谱

三、实验材料

1. 菌株

变铅青链霉菌（*Streptomyces lividans*）TK54

变铅青链霉菌（*Streptomyces lividans*）TK54（pIJ702）

2. 抗生素

硫链丝菌素贮存液浓度为 50 mg・mL^{-1}，溶于二甲基亚砜（DMSO）中。在 YMS 固体平板上的使用浓度为 50 μg・mL^{-1}，在 YEME 液体培养基中的使用浓度为 5 μg・mL^{-1}，在 R2YE 再生平板上筛选转化子时加 1 mL 含 1.5 mg 硫链丝菌素的水溶液。

3. 培养基及主要试剂

(1)YMS 培养基(1 L)

酵母膏	4 g	$CoCl_2 \cdot 6H_2O$	5 mg
可溶性淀粉	4 g	琼脂	20 g
麦芽膏	10 g	pH 7.2,121℃下灭菌 30 min	

(2)YEME 培养基(1 L)

蔗糖	340 g	细菌蛋白胨	5 g
葡萄糖	10 g	麦芽膏	3 g
酵母膏	3 g		

115℃下灭菌 20 min。灭菌后,1 L 中加入 2 mL $MgCl_2$(2.5 mol·L^{-1});制备原生质体时,还需加甘氨酸(浓度 20%)至终浓度为 0.5%。分装时三角瓶中加玻璃珠。

(3)R2YE 培养基

蔗糖	103 g	葡萄糖	10 g
K_2SO_4	0.25 g	酪蛋白氨基酸	0.1 g
$MgCl_2 \cdot 6H_2O$	10.12 g	酵母膏	5 g
加蒸馏水至 800 mL			

称 2 g 琼脂粉放入三角瓶中,加入 80 mL 上述溶液,115℃下灭菌 20 min。

使用前,在每瓶中加入已灭菌的下述溶液:KH_2PO_4(0.5%)1 mL,$CaCl_2 \cdot 2H_2O$(3.68%)8 mL,*L*-脯氨酸(20%)1.5 mL,TES 缓冲液(5.73%,pH 7.2)10 mL,微量元素溶液 0.2 mL,NaOH(1 mol·L^{-1})0.5 mL(无需灭菌)。

微量元素溶液的配制(1 L):

$ZnCl_2$	40 mg	$FeCl_3 \cdot 6H_2O$	200 mg
$CuCl_2 \cdot 2H_2O$	10 mg	$MnCl_2 \cdot 4H_2O$	10 mg
$Na_2B_4O_7 \cdot 10H_2O$	10 mg	$(NH_4)_6Mo_7O_{24} \cdot 4H_2O$	10 mg

(4)P 缓冲液

蔗糖	103 g	K_2SO_4	0.25 g
$MgCl_2 \cdot 6H_2O$	2.02 g	微量元素溶液	2 mL

加蒸馏水至 800 mL,115℃下灭菌 20 min。

使用前每 80 mL 上述溶液中加入以下溶液:1 mL KH_2PO_4(0.5%),10 mL $CaCl_2 \cdot 2H_2O$ (3.68%),10 mL TES 缓冲液 (5.73 %,pH 7.2)。

(5)T 缓冲液

混合以下无菌溶液：蔗糖（10.3%）25 mL，蒸馏水 75 mL，微量元素溶液 0.2 mL，K_2SO_4（2.5%）1 mL。在上述 9.3 mL 溶液中加入：$CaCl_2$（5 mol·L^{-1}）0.2 mL，1 mol·L^{-1} Tris-马来酸缓冲液（pH 8.0）0.5 mL。使用时，取 3 份体积的上述溶液加到一份重量的已灭菌的 PEG 1 000 中（如：取 30 mL 上述液体加入 10 g 的 PEG 1000）。

1 mol·L^{-1} Tris-马来酸缓冲液（pH 8.0）：配制 1 mol·L^{-1} Tris 溶液，用马来酸调 pH 值至 8.0。

(6)10.3%的蔗糖溶液

115℃下灭菌 20 min。

(7)溶菌酶溶液（用于提取链霉菌质粒）

溶菌酶 2 mg·mL^{-1}，蔗糖 0.3 mol·L^{-1}，Tris-HCl(pH 8.0)25 mmol·L^{-1}，EDTA(pH 8.0)25 mmol·L^{-1}，RNase A 50 μg·mL^{-1}，过滤除菌。

(8)TE

Tris-HCl(pH 8.0)	10 mmol·L^{-1}
EDTA(pH 8.0)	1 mmol·L^{-1}

(9)其他试剂

酸性苯酚/氯仿(1∶1)，中性苯酚/氯仿(1∶1)，3 mol·L^{-1} NaAc(pH 自然)，异丙醇，无水乙醇，70%乙醇，10 mol·L^{-1} NaOH，10% SDS，无菌水。

4. 主要器皿及仪器

离心机，离心管(1.5 mL，10 mL，50 mL)，显微镜，装有脱脂棉的过滤试管(见图 5-2)，恒温培养箱，恒温摇床，恒温水浴，玻璃刮铲，无菌吸管(1 mL，5 mL，10 mL)，血球计数板，微量取样器，无菌枪头，三角瓶，玻璃珠。

图 5-2 装有脱脂棉的过滤试管示意图

四、实验步骤

完成本实验需要 7 d 左右时间。

第一天：配制培养基，灭菌；接种 *Streptomyces lividans* TK54，用于制备原生质体；

第二天：提取链霉菌质粒 pIJ702，PCR 和电泳检测；

第三天：制备原生质体；进行原生质体转化实验；

第四天：涂抗生素；

第七天：观察结果，计算转化率。

1. 变铅青链霉菌质粒的提取

(1)取冰箱保存的 *S. lividans* TK54 (pIJ702)孢子悬液接种于 YMS (thiostrepton, 50 $\mu g \cdot mL^{-1}$)平板上，30℃温箱中培养 7 d，至孢子成熟；

(2)用无菌接种环刮取足量的 *S. lividans* TK54 (pIJ702)孢子，接种于加有 $MgCl_2$(加 50 μL 2.5 $mol \cdot L^{-1}$的母液)及 Thiostrepton (终浓度为 5 $\mu g \cdot mL^{-1}$)的 25 mL YEME 培养基中(含有玻璃珠)，30℃下摇床振荡(200 r/min)培养 36～40 h；

(3)离心收集菌体，可多离心几次至菌体体积达 100～150 μL；将菌体用 10.3%蔗糖溶液洗涤，离心，去上清；

(4)向菌体中加溶菌酶溶液至 500 μL，悬浮；37℃下保温 30 min，中间用微量移液器吸吹几次，以免菌体沉在底部；

(5)加入 250 μL 新配制的 2% SDS(0.3 $mol \cdot L^{-1}$ NaOH)，立即在振荡器上振荡至完全混匀；

(6)打开管盖，90℃下放置 5 min(大于 20 kb 的质粒于 55℃放置 30 min；10～20 kb 大小的质粒于 70℃放置 15 min，效果更佳)，然后冷却至室温；

(7)加入 80 μL 酸性苯酚/氯仿(1∶1)，在振荡器上振荡至混合均匀，离心，转移上清至新管；

(8)加入 0.1 体积 3 $mol \cdot L^{-1}$ NaAc(pH 自然)和等体积异丙醇混匀，室温放置5 min；

(9)12 000 r/min 离心 10 min，弃上清；

(10)加入 50 μL TE 溶解沉淀，加入 5 μL 3 $mol \cdot L^{-1}$ NaAc(pH 自然)和 25 μL 的中性酚/氯仿，混匀，离心，取上清；

(11)加入 2 倍体积的无水乙醇，混匀，－20℃放置 5 min；

(12)12 000 r/min 离心 10 min，弃上清，加 70%乙醇洗涤沉淀，离心，吸去上清，干燥；

(13)加入 15 μL 的 TE 溶解沉淀；

(14)取 3 μL 质粒进行琼脂糖凝胶电泳，检测并估计大致浓度。

2. 重组质粒的 PCR 检测

在 20 μL Eppendorf 管中，按表 5-1 依次加入试剂。

表 5-1 Eppendorf 管加入溶液 μL

ddH_2O	12.2
10×PCR buffer	2
2.5 $mmol\cdot L^{-1}$ dNTP	1.6
Primer 1(20 $\mu mol\cdot L^{-1}$)	1
Primer 2(20 $\mu mol\cdot L^{-1}$)	1
DMSO	1
Taq DNA Polymerase (5 $U\cdot \mu L^{-1}$)	0.2
Plasmid (稀释 100 倍)	1
总体积	20

反应条件：95℃，5 min；95℃/30 s，60℃/45 s，72℃/1 min，共进行 25 个循环；最后于 72℃延伸 10 min。反应结束后，取 5 μL PCR 反应产物，加 1 μL 上样缓冲液，于 0.8%琼脂糖凝胶电泳检测。

3. 变铅青链霉菌原生质体的制备

(1)取冰箱保存的 *S. lividans* TK54 孢子接种于 YMS 平板上，30℃温箱中培养 7 d，至孢子成熟；

(2)在装有玻璃珠的 250 mL 无菌三角瓶中加入 25 mL 的 YEME 培养基，加入 20%甘氨酸(使细胞壁对溶菌酶更敏感，至终浓度 0.5%)和 50 μL 2.5 $mol\cdot L^{-1}$ $MgCl_2$。用接种环刮取足量的孢子接种，在 30℃下摇床上振荡培养 36～40 h；

(3)将培养物倒入 50 mL 无菌离心管中，离心 (3 500 r/min，8 min)收集菌丝体；

(4)弃上清，用 15 mL 的 10.3%的蔗糖溶液重悬菌丝体沉淀，离心收集菌丝体，弃上清；

(5)将菌丝体悬浮于 4 mL 溶菌酶溶液 (用 P 缓冲液配制成 1 $mg\cdot mL^{-1}$ 的溶液，过滤灭菌)中，30℃作用 30 min (在溶菌酶作用过程中，轻轻摇动离心管几次以防菌丝体沉在管底部；无菌取样，在显微镜下观察原生质体的形成情况)；

(6)用 5 mL 无菌吸管吹吸 3 次，再保温 15 min；

(7)补加 5 mL P 缓冲液，再用 5 mL 吸管吹吸几次；用装有脱脂棉的试管过滤，滤液转入 10 mL 离心管中；

(8)3 500 r/min 离心 8 min，温和地沉淀原生质体；

(9)弃去上清液，用残余的液体悬浮原生质体，加入 P 缓冲液洗涤一次，离心，弃上清；将原生质体悬浮于 1 mL P 缓冲液中（在悬浮原生质体沉淀时，动作一定要轻柔，以免原生质体破裂）；

(10)将原生质体按每管 50 μL 分装成小份。

以上所有过程应严格无菌操作。所用离心管和试管等不应污染去污剂，否则会造成原生质体破碎。

4. 质粒转化原生质体及转化子筛选

(1)加 3 μL 自己提取的 pIJ702 质粒到 50 μL 原生质体中，用手指轻弹管壁，使其混合；

(2)加入 200 μL T 缓冲液，用微量移液器上下吹吸 3～4 次使其混合；

(3)将 125 μL 转化后的悬液涂布于一个已吹干的 R2YE 平板上；另取 25 μL 转化液，加 100 μL P 缓冲液，涂于另外一个平板上（再生 R2YE 平板在转化前要在超净台上吹 2～3 h)；

(4)将平板置 30℃恒温培养，16～18 h 后，当再生的原生质体在平板上呈现雾状时，在平板上加 1 mL 含 1.5 mg 硫链丝菌素的水溶液，用刮铲将抗生素水溶液轻轻涂在平板表面；

(5)继续培养至长出菌落，进行计数。

以上实验每组需做 3 个重复。

五、问题及讨论

(1)计算转化率。

(2)根据实验结果，讨论影响链霉菌质粒提取效果的因素有哪些？

(3)根据实验结果，讨论影响质粒转化率的因素，如何才能提高转化率？

参 考 文 献

[1] Bibb M. J., Ward J. M, Hopwood D. A. Transformation of plasmid DNA into *Streptomyces* at high frequency. Nature. 1978(274): 398-400.

[2] Bierman M., Logan R., O'Brien K., *et al*. Plasmid cloning vectors for the conjugal transfer of DNA from *Esherichia coli* to *Streptomyces* spp. Gene. 1992(116): 43-49.

[3] Chater K. F. Genetics of differentiation in *Streptomyces*. Annu Rev Micro-

biol. 1993(47): 685-713.

[4] Hopwood D. A. Forty years of genetics with *Streptomyces*: from in vivo through in vitro to in silico. Microbiology. 1999(145):2183-2202.

[5] Kieser T., Bibb M. J., Buttner M. J., *et al*. Practical *Streptomyces* Genetics. Norwich: The John Innes foundation. 2000.

[6] Kieser T. Factors affecting the isolation of ccc DNA from *Streptomyces lividans* and *Escherichia coli*. Plasmid. 1984(12):19-36.

[7] Wohhleben W., Muth G. *Streptomyces* plasmid vectors. // Hardy, K. G. Plasmids-A Practical Approach, 2nd edition. IRL Press. Oxford, 1993: 147-175.

实验六　丝状真菌原生质体制备、融合及再生

一、实验目的

学习并掌握丝状真菌(镰刀菌)原生质体的制备、融合及再生技术。

二、实验原理

原生质体(protoplast)是除去细胞壁后由细胞膜包围着的球状细胞。不同遗传型细胞的原生质体，在融合剂的诱导下进行融合，产生遗传重组的融合子的过程，称作原生质体融合(protoplast fusion)。

能进行原生质体融合的生物种类十分广泛。细菌、放线菌等原核生物，酵母菌、丝状真菌、蕈菌等真核微生物以及高等植物的细胞都能进行原生质体融合。动物细胞由于不存在阻碍原生质体融合的障碍——细胞壁，更易进行原生质体融合。原生质体融合既保持了遗传物质传递的完整性，又能把亲缘关系较远的生物的细胞融合在一起，扩大了基因重组的范围，作为高频重组的有效方法和遗传学研究的有力工具，受到广大生物学者的重视。

原生质体融合的主要操作步骤为：首先，选取带有选择性标记的细胞作为亲本菌株(parent strain)，将双亲菌株的细胞分别用酶处理，使细胞壁破裂；其次，将形成的原生质体在融合剂的作用下聚集、凝聚、进而融合成新的细胞；最后，采用合适的筛选方法检出融合子。现将主要环节分述如下。

1. 原生质体的制备

除了没有细胞壁的动物细胞外，其他生物的细胞进行原生质体融合，首先要制备原生质体。原生质体制备技术不仅是原生质体融合的关键技术，还广泛应用于真菌细胞 DNA 的转化、诱变育种、核型分析以及细胞结构与功能的研究中。原生质体制备技术包括以下 3 个重要环节。

(1)根据菌株细胞壁的化学成分，选用合适的酶和酶解条件，去除细胞壁。如放线菌和细菌可用溶菌酶，真菌可用蜗牛酶、溶壁酶(广东微生物研究所生产)、纤维素酶和几丁质酶等。酶的组成、浓度、作用时间、作用温度等，都会影响原生质体的形成。此外，选择合适的高渗稳定剂，有利于稳定原生质体，提高原生质体的产

量。常用的高渗稳定剂有蔗糖、山梨醇、氯化钠或氯化钾溶液等。

(2)制备原生质体,还要选择合适菌龄的细胞。这是由于在不同的生长时期,细胞壁的化学组成和含量不同,酶对细胞壁的作用效果也不一样。对细菌而言,由于对数期细胞壁的肽聚糖含量低,细胞壁对酶的作用敏感,故多采用对数期的细菌制备原生质体。对于丝状真菌而言,幼嫩的菌丝体酶解效果要好于老菌丝,因此,要控制菌株的培养时间,选择合适菌龄的菌丝体。

(3)对菌丝进行预处理是提高原生质体产量的有效手段。在酶解去除细胞壁前,通过人为控制条件,改变细胞壁的结构,使之发生松动或增加其对溶壁的酶类的敏感性,可提高原生质体的产量。常采用的方法包括:在菌体培养的过程中,改变其生长或生理状态,以抑制细胞壁的正常合成;或对收集后的菌体进行适当的药物处理,如用巯基乙醇破坏细胞壁中蛋白质的二硫键,使之发生松动,以增加溶壁的酶类的作用效果。

2. 原生质体的融合

在自然条件下,原生质体发生融合的频率非常低,因此需要采用适当的方式进行促融。常用的方法有化学法、物理法和生物法。化学法一般采用聚乙二醇(PEG)作为融合剂。物理法可采用电融合、激光融合等手段。生物法是采用灭活的病毒,促使细胞间产生凝聚和融合,此法适用于动物细胞的融合。

3. 融合子的再生

两个原生质体融合后,必须涂布在再生培养基上使其再生。影响原生质体再生率的因素很多,除与菌株自身的遗传性质有关外,还与原生质体的制备过程以及再生的培养条件有关。如对数生长早期的细菌细胞壁,虽对酶最敏感,但由于相对较脆弱,受酶的过度作用会影响再生率。再生所采用的培养基、高渗稳定剂、培养的温度以及涂布的方式,都对再生率有影响。

4. 融合子的筛选

融合子的选择,经典方法是依据在选择培养基上的遗传标记,若两个遗传标记互补,即可判断为融合子,如利用营养缺陷型互补。还可以采用灭活原生质体的方法作为检出标记。灭活亲株(单亲株或双亲株)原生质体融合后,融合子可以恢复再生能力。此外,荧光染色也是一种重要的方法。将亲本原生质体分别用不同的荧光素染色,随后融合,能够同时观察到双亲所染的两种荧光色素的个体,即为融合子。

本实验选用两种不同基因型的尖孢镰刀菌为亲本菌株,用蜗牛酶、纤维素酶和溶壁酶共同作用分解菌株细胞壁,以 0.6 $mol \cdot L^{-1}$ 蔗糖和 0.7 $mol \cdot L^{-1}$ 氯化钠为高渗稳定剂,PEG6000 为促融剂,进行原生质体融合,并用营养缺陷型互补的方法检出融合子。

三、实验材料

1. 菌株

Fusarium oxysporum 27-1 尖孢镰刀菌硝酸还原酶缺陷型

Fusarium oxysporum 28-1 尖孢镰刀菌亚硝酸还原酶缺陷型

2. 培养基及试剂

(1)CM 液体培养基

KNO_3	3 g	KH_2PO_4	1 g
$MgSO_4 \cdot 7H_2O$	0.5 g	蛋白胨	10 g
酵母粉	5 g	葡萄糖	20 g
H_2O	1 000 mL	pH 值	6.5～6.8

115℃下灭菌 20 min

(2)1/2 CM 液体培养基

同(1),除 H_2O 之外,各种成分减半。

(3)CM 固体培养基

同(1),另加 1.6 %～1.8 % 琼脂粉。

(4)HCM 固体培养基(高渗完全固体培养基)

同(1),另加 0.6 mol·L^{-1}蔗糖和 1.6%～1.8% 琼脂粉。

(5)HMM 固体培养基(高渗基本固体培养基)

KNO_3	3 g	KH_2PO_4	1 g
$MgSO_4 \cdot 7H_2O$	0.5 g	微量元素液	2 mL
葡萄糖	20 g	蔗糖	0.6 mol·L^{-1}
琼脂粉	18 g	H_2O	1 000 mL
pH 值	6.5～6.8		

115℃下灭菌 20 min

(6)PBS 高渗缓冲液

0.7 mol·L^{-1} NaCl 溶解于 0.2 mol·L^{-1},pH 6.5 磷酸缓冲液中。

(7)预处理液

10 mmol·L^{-1} Tris,10 mmol·L^{-1} EDTA-Na_2,0.02 % 巯基乙醇(使用前加入)。

(8)酶液

1% 蜗牛酶,0.5% 纤维素酶,0.5% 溶壁酶,用 PBS 高渗缓冲液配制,过滤灭菌。

(9)30% PEG6000

用 0.01 mol·L^{-1} $CaCl_2$ 配制，加 0.05 mol·L^{-1} 甘氨酸，pH 7.0，121℃下灭菌20 min。

(10)微量元素液 (100 mL)

柠檬酸	5.0 g	$ZnSO_4 \cdot 7H_2O$	5.0 g
$Fe(NH_4)_2(SO_4)_2 \cdot 6H_2O$	1.0 g	$CuSO_4 \cdot 5H_2O$	0.25 g
$MnSO_4 \cdot H_2O$	0.05 g	$NaMo_4 \cdot 2H_2O$	0.05 g
H_3BO_4	0.05 g		

用蒸馏水定容至 100 mL

3. 主要器皿及仪器

(1)无菌孢子及菌丝过滤装置(每组 2 套)

(2)无菌原生质体过滤装置(每组 2 套)

(3)50 mL、10 mL 无菌离心管(每组 4 支)

(4)1 mL、5 mL 无菌吸管(每组 3 支)

(5)无菌滴管(每组 3 支)

(6)无菌培养皿(每组 20 套)

(7)血球计数板

(8)显微镜

(9)空气浴摇床

(10)恒温培养箱

(11)恒温水浴摇床

(12)离心机

四、实验步骤

完成本实验需要 1 周左右的时间。

第一天 8:30 配制培养基及试剂；10:00 接种：将 27-1、28-1 菌株分别接种于 CM 液体培养基中(注意：每支斜面菌种接 1 瓶 CM 液体培养基，接种时尽量将菌丝体分散)，各接 5 瓶，26℃下振荡培养 60 h。

第三天 20:30 收集孢子：用 100～150 目网筛过滤除去菌丝，2 500 r/min 离心 5 min 浓缩孢子。22:00 取 0.1～0.2 mL 孢子液(每毫升 10^7～10^8)，接种于 1/2 CM 液体培养基中，各接 5 瓶。26℃振荡培养 11～12 h。

第四天制备原生质体，原生质体融合及再生。

(1)上午 8:00～9:00,用 250～300 目网筛过滤培养液(过滤装置用后盖好,放置于超净工作台上),用 PBS 冲洗菌丝。将全部菌丝转入 50 mL 预处理液中(预处理液应先加入 2 滴巯基乙醇),26℃保温 30 min,再次用 250～300 目网筛过滤,用 PBS 冲洗菌丝。

(2)取 27-1 和 28-1 菌丝各 1 g 左右,分别放在 20 mL 酶液中,30℃水浴摇床轻微振荡 1.5～2.0 h。注意:酶解 45 min 后,即可取样,用血球计数板(血球计数板上不能有水)在显微镜下检查原生质体游离情况。

(3)先用少量 PBS 溶液将过滤装置中的擦镜纸浸湿,再将酶解液经过滤装置过滤,以除去残余菌丝。

(4)将原生质体滤液置 10 mL 小离心管中,2 000 r/min 离心 3 ～5 min,弃上清液,轻轻摇散原生质体,加入 5 mL PBS 溶液,离心洗涤 2 次,用 PBS 溶液将两种原生质体调成等浓度(目测即可),再将等浓度的原生质体等体积混合。

(5)把等体积混合的原生质体在显微镜下计数。

(6)取 0.5 mL 原生质体混合液,用 PBS 溶液稀释成 10^{-1}～10^{-6},取 10^{-4}、10^{-5}、10^{-6}稀释度各 0.1 mL,涂布于 HCM 平板上(每个稀释度 3 个重复),26℃培养 3 ～ 4 d 后,计算菌落数。

(7)取 0.5 mL 原生质体混合液,用无菌水稀释成 10^{-1}～10^{-4},剧烈振荡,取 10^{-2}、10^{-3}、10^{-4}稀释度各 0.1 mL,涂布于 CM 平板上(每个稀释度 3 个重复),26℃ 培养 3 ～ 4 d,计算菌落数。

(8)将剩余原生质体混合液于 2 000 r/min 离心 3 ～5 min,沉淀原生质体,弃上清液后,轻轻摇散原生质体,加 0.5 mL 30% PEG6000 促融剂,30℃保温 5 min,加入 PBS 溶液至原体积(即离心沉淀前剩余原生质体混合液体积),用 PBS 稀释成 10^{-1}～10^{-3},各取 0.1 mL 分别涂布于 HMM 平板(每个稀释度 3 个重复),26℃培养 5 ～7 d,计算菌落数。

再生率和融合率计算:

$$再生率=\frac{N_1-N_2}{N_0}\times 100\%$$

$$融合率=\frac{N_3}{N_1-N_2}\times 100\%$$

式中:N_1 为每毫升样品在 HCM 平板上形成的菌落数;

N_2 为每毫升样品在 CM 平板上形成的菌落数;

N_3 为每毫升样品在 HMM 平板上形成的菌落数;

N_0 为每毫升样品显微计数的原生质体数。

五、问题及讨论

(1)对于不产生孢子的丝状真菌,应该采取哪些措施来提高其原生质体的产量?

(2)在制备原生质体的过程中,酶解时间是否越长越好?请说明原因。

(3)请结合实验结果分析如何才能做好本实验?

参考文献

[1] Ferenczy L., Kevei F., Zsolt J. Fusion of fungal protoplast. Nature. 1974 (248): 793-794.
[2] 沈萍,陈向东.微生物学,2版.北京:高等教育出版社,2006.

实验七　粗糙脉孢菌基因转化及鉴定

一、实验目的

学习并掌握粗糙脉孢菌表达载体的构建、基因转化、表达蛋白 Western 印迹检测的原理及方法。

二、实验原理

丝状真菌，尤其是粗糙脉孢菌（*Neurospora crassa*）和构巢曲霉（*Aspergillus nidulans*），一直是研究真核生物遗传重组、基因组织和基因表达调控的模式系统。随着重组 DNA 技术的不断发展，1979 年 Case 等在粗糙脉孢菌中建立了第一个丝状真菌的 DNA 转化系统，从此丝状真菌的遗传研究跨入了分子遗传学时代。现在所有主要的丝状真菌中都建立了 DNA 转化系统，并已普遍用于基因分离和基因结构、基因组织、基因表达调控等研究，科学家们正兴奋地期望用分子生物学方法解决丝状真菌中长期以来使人迷惑不解的各种生物学问题。

作为研究丝状真菌遗传的模式菌株，粗糙脉孢菌具有一系列便于进行外源 DNA 转化遗传分析的特点。首先，粗糙脉孢菌在无性世代中，菌丝及分生孢子均为单倍体，与高等真核生物相比，在基因突变、基因敲除及外源基因表达等操作上具有很大的优势；其次，粗糙脉孢菌作为子囊菌的代表成员，可以发生异宗的有性生殖，容易进行杂交实验，并具有著名的顺序排列的四分体子囊孢子，这在染色体交换和遗传重组研究中具有独特的优势；再次，粗糙脉孢菌还具有基因组小、较易观察表型、易于进行生化分析、易于分离和培养、研究方法成熟等优点；最后，粗糙脉孢菌的基因组测序已经完成，并且有公开的数据库可供查询。

本实验介绍在粗糙脉孢菌中进行基因转化和蛋白表达的方法。

1. 表达载体的构建

要构建一个能在大肠杆菌中复制、又能在粗糙脉孢菌中表达目的蛋白并方便检测表达的载体，这个载体应具有以下元件：①大肠杆菌的复制起始位点；②真核强启动子或可诱导的启动子；③可以被抗体杂交检测到的标签蛋白，如 Myc-tag、HA-tag、Flag-tag 等（标签蛋白是人工合成的几到十几个氨基酸的小肽，由于容易制备它的特异性抗体而被广泛应用于融合蛋白的构建)；④目的蛋白的基因开放阅读框(含内含子)及其 3′非翻译区；⑤选择标记(如抗性基因)。

为此，本实验采用质粒 qa. 5myc. 6his 表达载体，它带有大肠杆菌的复制起始位点、粗糙脉孢菌中可诱导的启动子 qa-2(需喹啉酸诱导，诱导时转录水平提高 50～1 000 倍)、标签蛋白 5myc、纯化蛋白用的 6his 以及 *his-3* 序列(图 7-1)。*his-3* 序列为野生型粗糙脉孢菌基因组中的 *his-3* 基因，用本质粒转化粗糙脉孢菌 301-6 *his*-(组氨酸营养缺陷型)菌株，可使质粒定向整合到基因组上 *his-3* 的座位上，并且用质粒上的野生型 *his-3* 代替染色体上突变的 *his-3* 基因，从而使 301-6 his^- 这个组氨酸营养缺陷型菌株能够在基本培养基上生长，达到筛选的目的。

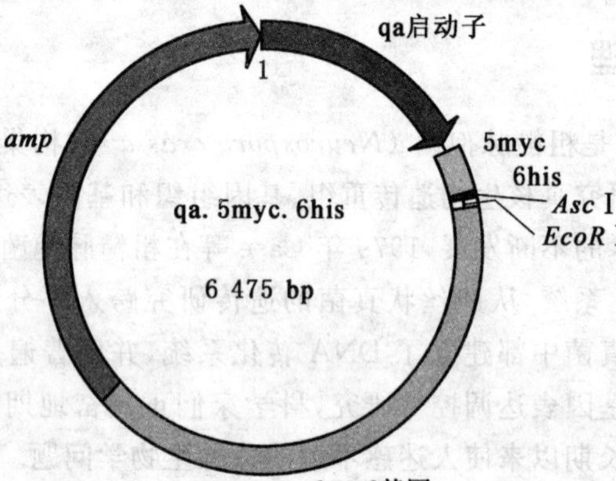

图 7-1 质粒 qa. 5myc. 6his 示意图

因此，粗糙脉孢菌外源蛋白表达载体的构建策略是：利用质粒 qa. 5myc. 6his 的多克隆位点，用限制性内切酶将双链质粒切开，形象地说就是“在环上打开一个缺口”，同时从野生型粗糙脉孢菌基因组 DNA 中扩增出目的基因片段(包括蛋白编码区和 3′非翻译区)，将该片段用相应的限制性内切酶消化后与载体 qa. 5myc. 6his 相连接。

连接好的重组质粒先在大肠杆菌中复制扩增，然后对质粒进行鉴定，选择连接正确的质粒，转化粗糙脉孢菌 301-6。经喹啉酸(QA)诱导，检测目的蛋白是否表达，如表达的蛋白大小正确则表明表达载体构建成功。

2. 粗糙脉孢菌分生孢子的电转化

由于粗糙脉孢菌分生孢子含有细胞壁，利用化学转化法转入质粒存在很大的困难，因此，粗糙脉孢菌分生孢子的转化可以采用电穿孔法或原生质体转化。而原生质体法费时费力，目前，广为流行的是电穿孔转化法，其转化率可达到95%以上。

将混合好的待转化的质粒和细胞加在电穿孔转化仪的样品池中，两极施加高压电场。在高脉冲电压的作用下，细胞壁和细胞膜产生缝隙，质粒或DNA重组分子便可进入细胞内。

电穿孔转化法操作简单，而且几乎对所有含细胞壁结构的受体细胞均有效，但转化效率差别较大。所以对于不同物种的细胞，需要尝试不同的细胞和质粒浓度及电击条件。

3. Western 印迹法检测蛋白表达

经SDS-PAGE变性分离的蛋白质样品，转移到固相载体(例如PVDF膜)上。以固相载体上的蛋白质或多肽为抗原，与对应的抗体起免疫反应，再与酶或同位素标记的第二抗体起反应，经过底物显色或放射自显影以检测电泳分离的特异性蛋白成分。

三、实验材料

1. 菌株

Neurospora crassa 301-6*his*⁻：粗糙脉孢菌组氨酸营养缺陷型菌株；

E. coli TOP10：大肠杆菌菌株(四环素抗性)。

2. 培养基与试剂

(1) Trace element stock solution(100 mL)

依次溶解以下物质：

一水合柠檬酸	5 g
$ZnSO_4 \cdot 7H_2O$	5 g
$Fe(NH_4)_2(SO_4)_2 \cdot 6H_2O$	1 g
$CuSO_4 \cdot 5H_2O$	0.25 g
$MnSO_4 \cdot H_2O$	0.05 g
H_3BO_3	0.05 g
$Na_2MoO_4 \cdot 2H_2O$	0.05 g
ddH_2O	定容至100 mL
氯仿	1 mL
室温保存	

(2)50×Vogel's(1 L)

$Na_3Citrate \cdot 5H_2O$(五水合柠檬酸钠)	150 g
或$Na_3Citrate \cdot 2H_2O$	125 g
KH_2PO_4	250 g
NH_4NO_3	100 g
$MgSO_4 \cdot 7H_2O$	10 g
$CaCl_2 \cdot 2H_2O$	5 g
Trace Element Solution	5 mL
生物素溶液($0.1\ mg \cdot mL^{-1}$)	2.5 mL
ddH_2O	定容至 1 L
氯仿	2 mL

(3)Bottom Agar 或 Top Agar (1 L)

50×Vogel's	20 mL
ddH_2O	880 mL
琼脂	15 g
10×Fig's	100 mL

115℃下灭菌 20 min

(4)Minimal slants (250 mL)

50×Vogel's	5 mL
蔗糖	7.5 g
琼脂	3.75 g
ddH_2O	245 mL

加热混匀,分装到试管,115℃下灭菌 20 min,摆斜面

(5)Minimal+his slants (250 mL)

50×Vogel's	5 mL
蔗糖	7.5 g
组氨酸	0.125 g
琼脂	3.75 g
ddH_2O	245 mL

加热混匀,分装到试管,115℃下灭菌 20 min,摆斜面

(6)Low Glucose (1 L)

50×Vogel's	20 mL
葡萄糖	1 g

精氨酸	1.7 g
ddH_2O	980 mL

115℃下灭菌 20 min

(7)10×Fig's (1 L)

L- 山梨糖	200 g
葡萄糖	5 g
果糖	5 g
ddH_2O	1 L

(8)0.5 mol·L^{-1} QA (0.5 L)

Quinic Acid (喹啉酸)	57.66 g
ddH_2O	500 mL

调节 pH 值至 5.8,115℃下灭菌 20 min

(9)Extraction buffer (用于蛋白提取)

50 mmol·L^{-1} HEPES(pH 7.4)

137 mmol·L^{-1} NaCl

10% 甘油

(10)20×PBS (2 L)

NaCl	320 g
KCl	8 g
Na_2HPO_4	57.6 g
KH_2PO_4	9.6 g
ddH_2O	定容至 2 L

(11)PBS-T (1 L)

20×PBS	50 mL
10%吐温-20	30 mL
ddH_2O	920 mL

3. 主要仪器

PCR 仪,电泳仪及电泳槽,超净工作台,电转化仪,恒温培养箱,摇床,真空泵,离心机,恒温水浴锅。

四、实验步骤

(一)表达载体的构建

1. 聚合酶链式反应(PCR)扩增目的基因

以粗糙脉孢菌基因组 DNA 为模板,设计引物,扩增目的基因。下面是一个典型的 PCR 反应:

94℃ 变性 5 min

94℃ 变性 30 s
55℃ 退火 30 s
72℃ 延伸 2 min
(以上 30 个循环扩增)

72℃ 延伸 10 min

若采用 Phusion 高保真酶,应按照试剂盒说明书的要求进行反应。

2. 酶切

用 *Asc* Ⅰ 和 *Eco*R Ⅰ 双酶切 qa. 5myc. 6his 载体和 PCR 扩增得到的片段。

3. 连接

T4 DNA 连接酶,25℃连接 2 h。

4. 转化大肠杆菌 TOP10

(1)在 70～80 μL 的大肠杆菌感受态细胞中加入 5 μL DNA,轻轻旋转以混匀内容物,在冰上放置 30 min;

(2)42℃水浴中静止热击 90～120 s,快速将管转移到冰上冷却 1～5 min;

(3)加入 800 μL 液体 LB 培养基,混匀,37℃摇床温浴 45 min 使细菌复苏,并表达质粒编码的抗生素抗性基因;

(4)将适当体积已转化的细胞涂布到含相应抗生素的 LB 平板上,37℃倒置培养,12～16 h 后可出现菌落(培养时间不应超过 20 h,否则会出现对氨苄青霉素敏感的卫星菌落)。

5. 鉴定

从转化子中提取质粒,选择合适的酶鉴定出阳性质粒,用于下面的真菌转化实验。

(二)粗糙脉孢菌分生孢子的电转化

(1)将 301-6*his*$^-$ 菌株的分生孢子接种到 2～3 管 minimal＋his 斜面培养基上,32℃培养 1 d,室温光照培养 6 d 至产孢丰富。

(2)将灭菌的 Top Agar 融化并于 53℃温育。

(3)取 2～3 支粗糙脉孢菌 301-6，各加入 2 mL 冰预冷的 1 mol·L^{-1}山梨醇(Sorbitol)，在旋涡振荡器上振荡，使分生孢子悬浮起来。

(4)将悬液转移到一支灭菌的 15 mL 离心管内，用 1 mol·L^{-1}山梨醇补足 14 mL。

(5)4 000 r/min 离心 3 min，此时可看到孢子沉淀在管底，菌丝体在上清顶部。旋转离心管倒掉上清，尽量注意除去菌丝体。

(6)加 1 mol·L^{-1}山梨醇重悬孢子，补足体积至 14 mL。

(7)4 000 r/min 离心 3 min，倒掉上清，注意除去菌丝体。

(8)加 1 mol·L^{-1}山梨醇重悬孢子，补足 14 mL。

(9)4 000 r/min 离心 3 min，倒掉上清。

(10)用 100～300 μL 1 mol·L^{-1}山梨醇重悬孢子，转移至 1.5 mL 离心管中。

(11)适当稀释孢子液，使孢子终浓度约为每毫升 2.5×10^{9} 个。

(12)在 40 μL 的分生孢子液中加入约 2 μg 质粒 DNA(2 ～ 4 μL)，混匀，冰浴 30～120 min。

(13)将孢子和 DNA 的混合液转移到电转杯中，电击。参数设置为：1 500 V，600 Ω，25 μF。电击后，加 1 mL 冰预冷的 1 mol·L^{-1}山梨醇到电转杯中，用枪头吸打混匀。将孢子液吸出，加到 15～20 mL Top Agar 中，混匀，平铺在 Bottom Agar 平板上。32℃倒置培养。

(14)2～3 d 后，将平板上的克隆挑取到 minimal 斜面培养基上。

(三)非变性蛋白的提取

(1)将 minimal 斜面培养基上长出的转化子接到 Low Glucose＋QA(1 L Low Glucose 中加入 20 mL QA)液体培养基中，使其长成菌体。

(2)用真空泵抽滤收获菌体，抽干水分，将菌体放入 1.5 mL 离心管中，液氮速冻。

(3)于液氮中将菌体研磨成均一细小的粉末，转入新的离心管中，液氮速冻。注意动作迅速，以防蛋白降解；尽量将粉末磨得细小一些，以利于提取出尽可能多的蛋白。

(4)向蛋白提取缓冲液(Extraction buffer)中加入 3 种蛋白酶抑制剂：分别加入蛋白提取缓冲液的 1%体积、0.1%体积、0.1%体积的 PMSF、Leupeptin、Pepstatin A。将适量冰预冷的添加了蛋白酶抑制剂的蛋白提取缓冲液(Extraction buffer)加入菌体粉末中，轻柔振荡混合，使粉末充分接触提取缓冲液，将离心管置冰上，保持低温。

(5)4℃、10 000 r/min 离心 15 min，取上清移入新的离心管，即为蛋白样品。

(6)蛋白质浓度测定：取 2 μL 蛋白样品加入 800 μL ddH_2O 中，再加入 200 μL Bio-Rad Protein Assay 溶液，混匀，测定 $OD_{595\ nm}$，计算蛋白浓度。

(四)SDS-PAGE 电泳

1. SDS-PAGE 凝胶的配制

(1)分离胶的配制

7.5%和 10%分离胶的配制按表 7-1 进行。

表 7-1 分离胶的配制 mL

	7.5%	10%
ddH_2O	21.3	17.7
1.5 mol · L^{-1} Tris(pH 8.8)	10.8	10.8
10%SDS	0.44	0.44
30%Acr-Bis	10.8	14.4
10%过硫酸铵	0.22	0.22
TEMED	0.022	0.022

(2)浓缩胶的配制

浓缩胶的配制按表 7-2 进行。

表 7-2 浓缩胶的配制 mL

ddH_2O	12.3
0.5 mol · L^{-1} Tris(pH 6.8)	5
10%SDS	0.2
30%Acr-Bis	2.7
10%过硫酸铵	0.1
TEMED	0.02

2. 制备 SDS-PAGE 电泳的样品

每个蛋白配成 1 $\mu g \cdot \mu L^{-1}$，取 40 μL 沸水煮 5 min，上样到 SDS-PAGE 胶的上样孔中。

3. SDS-PAGE 电泳

电压 200 V，电泳约 1 h，待溴酚蓝迁移到胶板下缘时，停止电泳。电泳缓冲液配方见实验九。

(五)Western 印迹

1. 电转移

(1)SDS-PAGE 电泳结束后,取出凝胶板,用 ddH_2O 冲洗玻璃板外侧,将两块玻璃板分开。

(2)根据检测蛋白大小,切割所需转移的凝胶(注意凝胶不能太干燥)。

(3)根据凝胶的大小,切割 PVDF 膜或 NC 膜,将膜在甲醇中浸泡 1～3 min,使其完全浸湿,再转到转移缓冲液(配方见实验九)中浸泡。

(4)转移装置的建立。

顺序如下(从底部到上部):

黑色塑料转移板(负极)—海绵—滤纸—SDS-PAGE 凝胶—PVDF 膜—滤纸—海绵—红色塑料转移板(正极)

注意每层之间的气泡要全部去除,将转移孔板锁紧,插入到转移槽内。

(5)在转移槽中倒入转移缓冲液,转移板要浸没在转移缓冲液中。

(6)盖好上盖,注意正负极,不要接反。

(7)120 ～170 mA 转移 3～4 h。电压不宜超过 30 V。

(8)转移后,取出 PVDF 膜。若不继续下一步,可将膜放在甲醇中浸泡 1 min,取出晾干,覆以保鲜膜保存。

2. Western blotting

(1)将 PVDF 膜转到适量含有一抗的 5%脱脂牛奶中,摇 1 h。

一抗的浓度遵照抗体说明书。例如:anti-c-Myc (5 mg · mL^{-1}, Boehringer Mannheim Corp. Cat#1667 203),一般按照 1∶10 000 比例稀释。

(2)用 PBS-T 溶液洗膜,共 3 次,第一次 15 min,后两次各 5 min。

(3)将膜放到适量含有二抗(GAM,Goat-anti-Mouse)的 5%脱脂牛奶中,摇 1 h。

二抗的浓度遵照抗体说明书。例如:

Goat-anti-Mouse (1∶3 000 From Bio-Rad)

Sheep-anti-Mouse (1∶2 000 Amersham Biosciences, cat# NA931V)

(4)用 PBS-T 洗膜 5 次,第 1 次 15 min,后 4 次各 5 min。

3. ECL(增强化学发光)检测

利用辣根过氧化物酶催化化学发光物质,生成一种不稳定的中间物质,其衰变时在暗室形成明显的肉眼可见的化学发光带,利用 X 射线胶片感光原理,将结果记录下来。

(1)ECL 显色剂配制:按等体积加 ECL 显色剂 1、2(Amersham),混匀,转移到洁净干燥的塑料盒的一角。

(2)稍稍控干 PVDF 膜,正面朝下放在塑料盒内,使其完全接触显色剂,计时 1 min。

(3)迅速夹起 PVDF 膜,正面朝上放在塑料板上,盖上保鲜膜。注意不要产生气泡。把放有 PVDF 膜的塑料板放入压片暗盒内。

(4)进入暗室,把 X 光片放在 PVDF 膜上,压片几分钟。

(5)冲洗 X 光片:将 X 光片左上角向下折角以标记方向,放入显影液中显影 2～4 min,再放入定影液中定影 2～3 min。用 ddH_2O 冲洗 X 光片,风干。

五、问题及讨论

(1)真核表达载体的构建过程中,将目的基因片段与载体连接后,为什么要先转化大肠杆菌?此类载体应采用基因的全序列(包括内含子)还是 cDNA 序列(不包括内含子)?

(2)为了提高转化效率,在电穿孔转化过程中需要注意什么?

(3)SDS-PAGE 凝胶、PVDF 膜、X 光片上分别应该看到什么,为什么?

参 考 文 献

[1] Cheng P., He, Q., He Q. Y., Wang L. X. *et al*. Regulation of the Neurospora circadian clock by an RNA helicase. Genes & Development. 2005. (19): 234-241.

[2] He, Q., Cha J., He Q. Y., *et al*. CKI and CKII mediate the FREQUENCY-dependent phosphorylation of the WHITE COLLAR complex to close the Neurospora circadian negative feedback loop. Genes & Development. 2006 (20): 2552-2565.

[3] He, Q., Cheng P., He Q. Y., *et al*. The COP9 signalosome regulates the *Neurospora* circadian clock by controlling the stability of the SCF^{FWD-1} complex. Genes & Development. 2005(19): 1518-1531.

[4] Yang Y. H., He, Q., Cheng P., *et al*. Distinct roles for PP1 and PP2A in the Neurospora circadian clock. Genes & Development. 2004(18): 255-260.

实验八　粗糙脉孢菌特定基因缺失突变体的构建

一、实验目的

学习利用同源重组的原理敲除特定基因的方法，并构建粗糙脉孢菌特定基因的缺失突变体。

二、实验原理

基因敲除(knock out)是 20 世纪 80 年代末发展起来的一种新型分子生物学技术，它通过一定的途径使机体特定的基因失活或缺失。通常意义上的基因敲除主要是应用 DNA 同源重组原理，用设计的同源片段替代靶基因片段，从而达到基因敲除的目的。随着基因敲除技术的发展，除了同源重组外，新的原理和技术也逐渐被应用，比较成功的有基因的插入突变和 RNAi (RNA 干扰)，它们同样可以达到基因敲除或基因沉默的目的。

同源重组几乎存在于所有的生物体中，是染色体之间进行遗传信息交换的方式之一。同源重组要求两个 DNA 分子的序列同源，同源区越长越有利于重组；同源区太短，则难以发生重组。不同生物同源重组所需同源区的长短不同：大肠杆菌至少要求 20～40 bp 的核苷酸序列是相同的；粗糙脉孢菌则要求 600～1 000 bp 的相同核苷酸序列。

粗糙脉孢菌的单倍体细胞含有 7 条染色体，其菌丝和大分生孢子通常为多核，小分生孢子为单核。用本实验中的条件培养，其无性世代中的大分生孢子和小分生孢子两者都有。粗糙脉孢菌的全基因组已经测序完毕，并已有数据库可供查询。

本实验以粗糙脉孢菌为材料，利用同源重组的原理，用抗性筛选基因 *hph*(潮霉素抗性)去替代基因组中的 *al-1*(图 8-1)，构建 *al-1* 基因的缺失突变体。*al-1* 是类胡萝卜素合成基因，它在粗糙脉孢菌基因组数据库(http://www.broad.mit.edu/annotation/fungi/neurospora/)中的基因号为 NCU00552。由于类胡萝卜素的存在，野生型粗糙脉孢菌的菌丝和分生孢子均呈现橙黄色；而在 *al-1* 缺失突变体中，由于类胡萝卜素不能产生，菌丝和分生孢子均呈现白色。

al-1 基因敲除的具体策略是：从野生型粗糙脉孢菌基因组上 PCR 扩增出 *al-1* 开放阅读框上、下游的一段序列(长 600～1 000 bp，分别称为 5′ flank 和 3′ flank)，将这两段序列分别与潮霉素抗性基因 *hph* 相连接，得到 5′ flank+*hph* 的

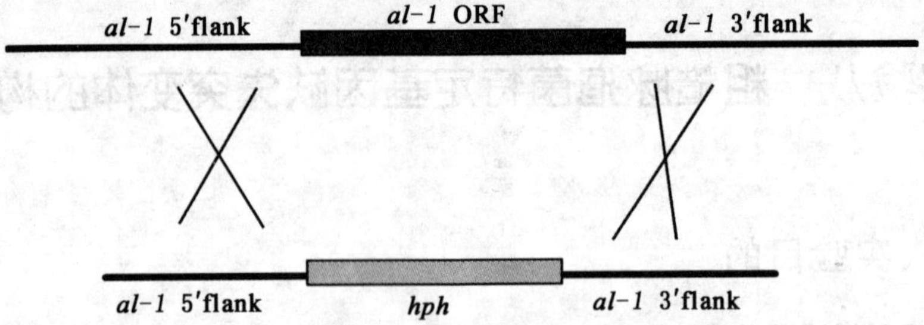

图 8-1 *al-1* 同源双交换原理示意图。ORF:开放阅读框。

连接产物和 3′ flank+*hph* 的连接产物。将这两种连接产物一起转化粗糙脉孢菌，就能通过同源重组敲除掉 *al-1* 基因，并引入潮霉素抗性基因 *hph*(图 8-2)。含 *hph* 的 DNA 片段可以从质粒 pCSN44 上酶切得到(图 8-3)。

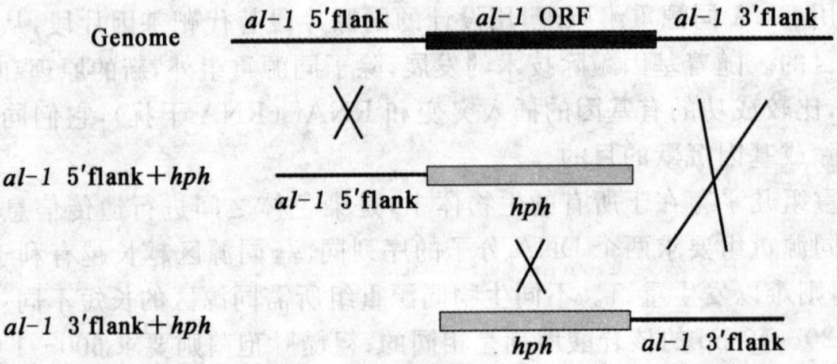

图 8-2 *al-1* 基因敲除策略

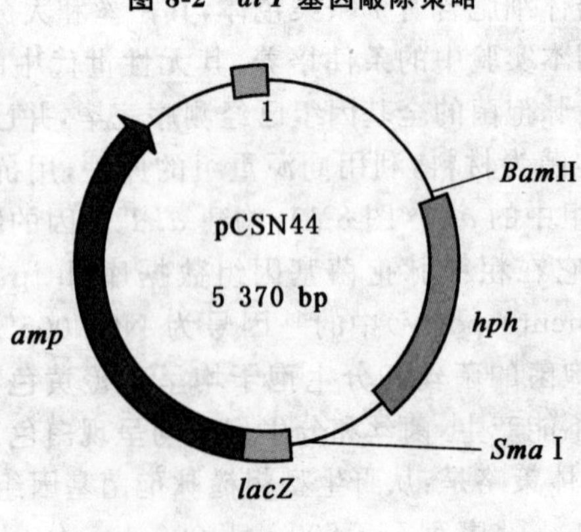

图 8-3 质粒 pCSN44 示意图

用电穿孔法转化粗糙脉孢菌 Ku 70 菌株(为 Ku 70 蛋白功能丧失的菌株。由于 Ku 70 蛋白在双链断裂的 DNA 修复中起重要的促进作用,故 Ku 70 功能丧失的菌株较易发生 DNA 重组,提高了同源重组的效率)的分生孢子,将有部分孢子接受并整合了 *hph*+flank 片段。用添加潮霉素的平板筛选重组子,再在添加潮霉素的斜面上传代四次,每次接种尽可能少的分生孢子,这样传代四次后一般认为可以达到纯合体状态。然后提取重组子的基因组 DNA,做 Southern 鉴定或 PCR 鉴定,以确定 *hph* 基因已整合到基因组上,而 *al-1* 基因已不在基因组中,这样方可证明 *al-1* 基因已经缺失。

通常,缺失突变会造成一定的表型,从其表型可以初步推测该基因编码的蛋白在生物体内的功能,因此,基因敲除成为研究基因和蛋白功能的一种重要手段。但是为了确定这个表型是由于目的基因缺失导致的,还需要做遗传互补实验。互补实验通过构建此基因的表达载体(参考实验七),并将此表达载体转化相同基因的缺失突变体,使缺失的蛋白重新表达,检查突变产生的表型是否得到恢复(与野生型相比较),如果表型恢复,则证明这一表型确实与这一基因的功能相关。

三、实验材料

1. 菌株及质粒

Neurospora crassa Ku 70:粗糙脉孢菌 Ku 70 功能丧失的突变菌株

pCSN44:大肠杆菌质粒(Amp^r)

2. 培养基与试剂

(1)Bottom Agar 或 Top Agar

培养基配方参考实验七。培养基配好后,115℃下灭菌 20 min,倒平板(15 mm ×150 mm)。若需添加潮霉素,待培养基灭菌后凉至 50℃左右,按 0.3%的体积比加入潮霉素(贮液浓度 50 mg·mL^{-1}),然后再倒平板。

(2)Minimal slants

培养基配方参考实验七。

(3)Minimal+*hph* slants

按 Minimal slants 配方配制培养基,115℃下灭菌 20 min(同时灭菌足够的带棉塞的试管)。待培养基灭菌后凉至 50℃左右,按 0.3%的体积比加入潮霉素(贮液浓度 50 mg·mL^{-1}),然后分装到试管,摆斜面。

(4)2% Glucose

50×Vogel's	200 mL
Glucose	20 g

ddH_2O 980 mL

118℃灭菌 20 min。

(5)CTAB 缓冲液(100 mL)

1 mol·L^{-1} Tris-HCl(pH 7.5 或 8.0)	10 mL
CTAB	2 g
5 mol·L^{-1} NaCl	28 mL
0.5 mol·L^{-1} EDTA(pH 7.5 或 8.0)	4 mL
$NaHSO_3$	1 g
ddH_2O	定容至 100 mL

配制时先用少量 ddH_2O 溶解 CTAB,完全溶解后再加入其他成分。

3. 仪器

超净工作台,PCR 仪,电泳仪及电泳槽,电转仪,恒温培养箱,水浴锅,恒温摇床,离心机,真空泵。

四、实验步骤

(一)*al-1* 缺失突变体的构建

1. 设计引物

从粗糙脉孢菌数据库(http://www.broad.mit.edu/annotation/fungi/neurospora/)中查到 *al-1* 开放阅读框及其上、下游各 1 000 bp 长的序列,研究其序列特征,选择限制性内切酶,设计引物,制定 PCR 和酶切的详细方案,如图 8-4 所示。

引物序列如下:

AL-1.1F:	GTTCCGCAGTTCGGTTAGTTCC
AL-1.2R*Bam*H I:	CGGGATCCCGTTATCGTTCTTATCGTCGCTC
AL-1.3F*Sma* I:	TCCCCCGGGACGGGTTTCACTTAATGCGGAG
AL-1.4R:	GTCTATGTTCAGGGTATTCGCC

2. *hph*+*al-1* flank 片段的获得

(1)PCR:以野生型粗糙脉孢菌基因组 DNA 为模板,用引物 AL-1.1F 及 AL-1.2R*Bam*H I,PCR 扩增得到足量的 *al-1* 5′ flank 片段;用引物 AL-1.3F*Sma*I 及 AL-1.4R,PCR 扩增得到足量的 *al-1* 3′ flank 片段。PCR 的反应体系及条件如表 8-1 所示。

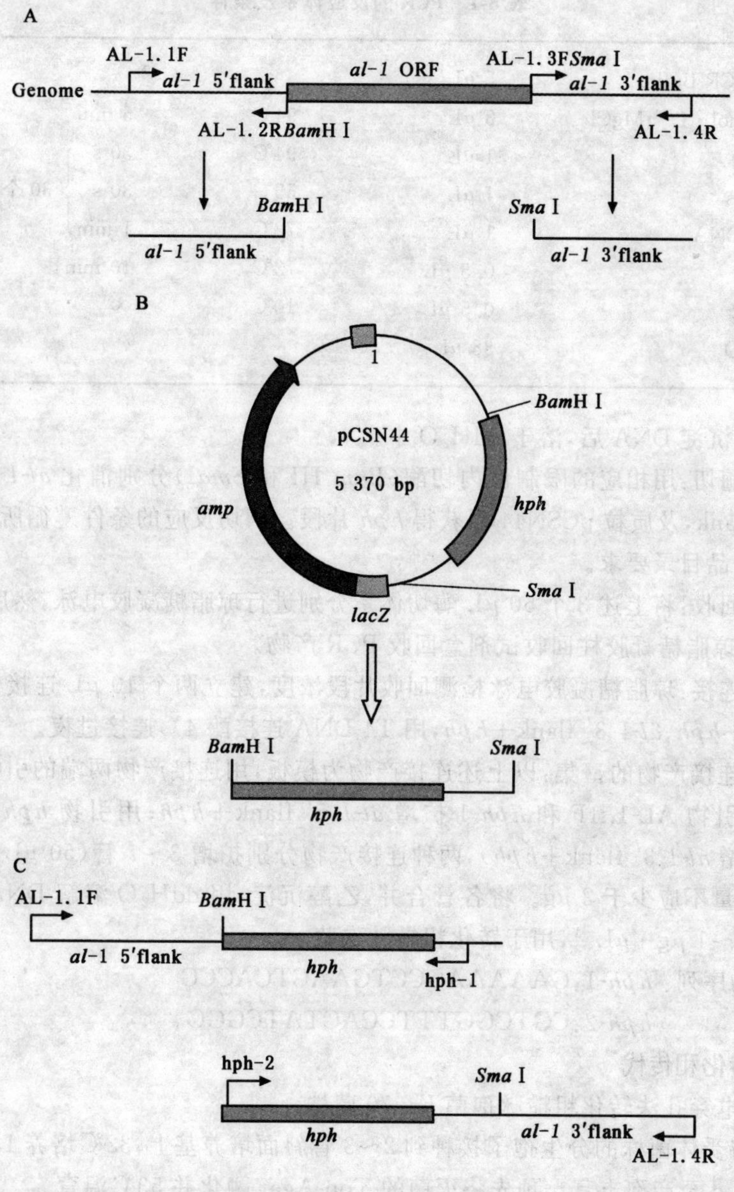

图 8-4　*al-1* 缺失突变体的构建策略

(A) 以野生型粗糙脉孢菌基因组 DNA 为模板，AL-1. 1F 和 AL-1. 2RBamH I 为引物进行 PCR 扩增，得到 *al-1* 5′ flank(带 *Bam*H I 酶切位点)；以 AL-1. 3F*Sma* I 和 AL-1. 4R 为引物，得到 *al-1* 3′ flank(带 *Sma* I 位点)。(B) 从质粒 pCSN44 上酶切得到带 *Bam*H I 和 *Sma*I 位点的 *hph* 片段。(C) *al-1* 5′ flank＋*hph*、*al-1* 3′ flank＋*hph* 两种连接产物的 PCR 富集。

表 8-1 PCR 的反应体系及条件

10×PCR Buffer	5 μL			
25 mmol·L^{-1} $MgCl_2$	3 μL	94℃	5 min	
Taq 酶	1 μL	94℃	30 s	30 个循环
dNTPs	1 μL	55℃	30 s	
模板 DNA	1 μL	72℃	1 min	
引物 1	0.5 μL	72℃	10 min	
引物 2	0.5 μL	10℃	∞	
ddH_2O	38 μL			

乙醇沉淀 DNA 后，溶于 ddH_2O 中。

(2)酶切：用相应的限制性内切酶(*Bam* HI 和 *Sma*I)分别消化 *al-1* 5′ flank，*al-1* 3′ flank，及质粒 pCSN44 以获得 *hph* 片段。酶切反应的条件遵循所用限制性内切酶产品目录要求。

(3)回收：将上述 3 个 50 μL 酶切体系分别进行琼脂糖凝胶电泳，然后切胶，用 Tiangen 琼脂糖凝胶柱回收试剂盒回收 PCR 产物。

(4)连接：琼脂糖凝胶电泳检测回收片段浓度，建立两个 10 μL 连接体系：*al-1* 5′ flank＋*hph*、*al-1* 3′ flank＋*hph*，用 T4 DNA 连接酶 4℃连接过夜。

(5)连接产物的富集：以上述连接产物为模板，用连接产物两端的引物作 PCR 扩增(用引物 AL-1.1F 和 *hph*-1 扩增 *al-1* 5′ flank＋*hph*；用引物 *hph*-2 和 AL-1.4R 扩增 *al-1* 3′ flank＋*hph*)，两种连接产物分别扩增 3～7 管(50 μL 体系)，合计 DNA 量不应少于 2 μg。将各管合并，乙醇沉淀，用 ddH_2O 溶解 DNA，使其浓度为 0.5～1 μg·μL^{-1}，用于转化粗糙脉孢菌。

引物序列：*hph*-1：GAAAAAGCCTGAACTCACCG

hph-2：CGTCGGTTTCCACTATCGGC

3. 转化和传代

(1)电穿孔法转化粗糙脉孢菌 Ku 70 菌株

①将受体菌株的分生孢子接种到 2～3 管斜面培养基上，32℃培养 1 d，室温光照培养 6 d 至产孢丰富。预先将灭菌的 Top Agar 融化并 53℃温育。

②取 2～3 支粗糙脉孢菌斜面，各加入 2 mL 冰预冷的 1 mol·L^{-1} 山梨醇(Sorbitol)，在旋涡振荡器上振荡。

③将悬液转移到一支灭菌的 15 mL 离心管内，用 1 mol·L^{-1} 山梨醇补足体积至 14 mL。

④4 000 r/min 离心 3 min。此时可看到孢子沉淀在管底，菌丝体在上清顶部。旋转离心管倒掉上清，注意除尽菌丝体。

⑤加入适量 1 mol·L^{-1} 山梨醇重悬孢子，洗孢子。

⑥4 000 r/min 离心 3 min，倒掉上清，注意除尽菌丝体。

⑦加入适量 1 mol·L^{-1} 山梨醇重悬孢子，洗孢子。

⑧4 000 r/min 离心 3 min，倒掉上清。

⑨用 100～300 μL 1 mol·L^{-1} 山梨醇重悬孢子，转移至 1.5 mL 离心管中。

⑩适当稀释孢子液，使孢子终浓度每毫升约为 2.5×10^9 个。

⑪在 40 μL 的分生孢子液中加入约 2 μg DNA 片段(2～ 4 μL)，混匀，冰浴 30～120 min。

⑫电转化。参数设置为：1 500 V，600 Ω，25 μF。电击后，加 1 mL 冰预冷 1 mol·L^{-1} 山梨醇到电转杯中，用枪头吸打混匀。将孢子液吸出，加到 15～20 mL Top Agar 中，混匀，平铺在含潮霉素的 Bottom Agar 平板上，32℃倒置培养 2～3 d 至长出单菌落。

(2)将转化子在含潮霉素的斜面(minimal+*hph* slants)上连续传 4 代，每次接种尽可能少的分生孢子，这样传代 4 次后一般认为可以达到纯合体状态。

4. 转化子的 PCR 鉴定

(1)提取转化子的基因组 DNA

①将传了 4 代的转化子接到 2% Glucose 液体培养基中，使其长成菌丝体。

②用真空泵抽滤收获菌体，抽干水分，将菌体放入 1.5 mL 离心管中，液氮速冻。

③于液氮中将菌体研磨成均一细小的粉末，转入新的离心管中，液氮速冻。

④每管加入 0.6 mL CTAB 缓冲液，60℃温育 30 min。

⑤待凉至室温后，加入 0.6 mL 酚仿(苯酚：氯仿：异戊醇=25：24：1)，在漩涡振荡器上充分振荡混匀。

⑥14 000 r/min 离心 3 min。

⑦取上清入新管，加入等体积的氯仿(氯仿：异戊醇=24：1)，充分振荡混匀。

⑧14 000 r/min 离心 3 min。

⑨取上清入新管，加入等体积的异丙醇，颠倒混匀，可见白色的 DNA 沉淀出来。

⑩14 000 r/min 离心 10 min。沉淀即为基因组 DNA。

⑪倒掉上清，加 1 mL 70%乙醇，洗盐。

⑫除尽上清，晾干 DNA 沉淀。

⑬将每管基因组 DNA 溶于 50～100 μL 含 RNase(终浓度 80 μg·mL^{-1})的

ddH_2O中。

(2)以转化子的基因组 DNA 为模板，用相应的引物，分别 PCR 扩增 *hph* 基因及 *al-1* 基因。若能扩增出 *hph* 基因，则证明 *hph* 基因已经转入粗糙脉孢菌中并整合到染色体上。若不能扩增出 *al-1* 基因，则证明传代 4 次后的菌株已经达到纯合状态；若还能扩增出 *al-1* 基因，说明转化后长出的单菌落为多核的大分生孢子增殖而成，其中含有野生型的核型，还需要进一步的传代纯化。

(二)AL-1 蛋白表达载体的构建

具体方法请参考实验七。

(三)互补实验

将 AL-1 表达载体转化至 *al-1* 缺失突变体中，检查突变产生的表型是否得到恢复，以证明该基因的功能。

五、问题及讨论

(1)对于尚未完成全基因组测序的物种，如何通过同源重组的方法特异性地敲除某个基因？

(2)粗糙脉孢菌由于其菌丝和分生孢子均为单倍体，可利用同源重组高效地敲除染色体中唯一的基因。但对于二倍体甚至多倍体的高等生物，一次同源重组只能替换掉一个等位基因，那么如何使另一个等位基因也"失去作用"呢？请查阅相关书籍及文献，思考这个问题。

参考文献

[1] He Q., Cha J., He Q. Y., *et al*. CKI and CKII mediate the FREQUENCY-dependent phosphorylation of the WHITE COLLAR complex to close the Neurospora circadian negative feedback loop. Genes & Development. 2006 (20):2552-2565.

[2] He Q., Cheng P., He Q. Y., *et al*. The COP9 signalosome regulates the *Neurospora* circadian clock by controlling the stability of the SCF^{FWD-1} complex. Genes & Development. 2005(19):1518-1531.

[3] Yang Y. H., He Q., Cheng P., *et al*. Distinct roles for PP1 and PP2A in the Neurospora circadian clock. Genes & Development. 2004(18):255-260.

[4] Sambrook，等. 分子克隆实验指南，3 版. 黄培堂，等译. 北京：科学出版社，2002.

实验九 病毒的侵染性及其分子检测

一、实验目的

本实验要求掌握病毒侵染性 cDNA 克隆的体外转录及其侵染性检测的原理与方法，包括病毒侵染性 cDNA 克隆构建的原则与方法，体外转录及其接种寄主植物的方法，Agroinfiltration 法接种植物，接种植物发病症状的观察，应用 Northern blotting、RT-PCR 和 Western blotting 等分子生物学技术检测病毒。

二、实验原理

(一)植物 RNA 病毒侵染性 cDNA 克隆的构建

侵染性 cDNA 克隆是指 RNA 病毒具有侵染性的 cDNA 或是 cDNA 具有侵染性的体外转录物。RNA 病毒侵染性克隆的建立，使重组 DNA 技术及其他相关技术可以应用到病毒学研究中，从而克服了 RNA 病毒难以进行遗传操作的问题。

1. 侵染性 cDNA 克隆的种类及其构建

侵染性 cDNA 克隆共有两类，一类是在花椰菜花叶病毒(Cauliflower mosaic virus，CaMV)35S 启动子控制下的侵染性 cDNA，所构建的质粒载体可以直接进行机械接种。侵染性 cDNA 进入细胞后首先转录出病毒 RNA，再进行病毒基因组的复制与表达。它的优点是：①能克服体外转录时 RNA 酶对转录产物降解的不利影响；②不需要体外转录，这对于一些难于得到较高产量全长转录物的病毒非常重要，而且不需要 RNA 聚合酶和帽子类似物等昂贵的试剂；③接种物易于制备，接种方法多样。

另一类是在 T7、SP6、T3 和 λPm 等原核启动子控制下的侵染性体外转录物。构建成的载体经线性化后，在相应的聚合酶作用下转录出有侵染活性的 RNA。由于大肠杆菌启动子转录产量较低，所以目前多采用噬菌体启动子。噬菌体 T7 启动子是首选启动子，有时也用 SP6 或 T3 启动子。T7 启动子的共有序列对于高效转录是非常重要的，因此，常常需要在 T7 启动子序列和病毒 5′ 端序列之间加入 1～2 个额外的碱基 G，以提高转录物的产量。

病毒全长侵染性 cDNA 克隆策略很多，可因病毒不同而采用不同的策略。一般情况下，若已知病毒基因组的序列，便可利用 RT-PCR 一次性合成 RNA 病毒的全长 cDNA，将其插入克隆载体，获得侵染性 cDNA 克隆；然而，一些 RNA 病毒由于受病毒 RNA 的二级结构影响，或是反转录酶延伸长度的限制，有时要一次性合成全长的第一链 cDNA 是非常困难的，可利用合成的 cDNA 片段拼接获得全长 cDNA。

2. 影响体外转录物侵染性的因素

体外转录产物的侵染性，是在与病毒复制酶复合体、寄主组分以及其他调节因子相互作用的过程中所表现出来的。要获得高效率的侵染性，就要求转录物的序列和结构必须尽量与自然的病毒 RNA 保持一致性。一般影响其侵染性的因素包括：①转录物 5′ 和 3′ 末端的核苷酸序列：体外转录物 5′ 端若带有较多的非病毒核苷酸，将大大降低或完全消除侵染活性，而 3′ 端的额外序列相对影响较小；②5′ 端帽子结构：对于 5′ 端带有帽子结构的病毒，帽子结构（m^7GpppG）的存在与高水平的侵染活性密切相关，没有加帽的转录产物通常没有侵染性或侵染性低下；③3′ 端 Poly(A)尾序：对于 3′ 端带有 Poly(A)尾的病毒，可能存在腺苷酸长度的阈值，低于此阈值则影响相应转录物的稳定性；④突变的影响：有些病毒 RNA 在自身复制过程中发生了致死的突变，它们在下一轮复制中将被淘汰，以这样的 RNA 为模板构建的侵染性克隆将不具有侵染性；⑤不同接种方法的影响：体外转录产物或侵染性 cDNA 常采用机械接种，但有些蚜虫传带或仅存在于韧皮部的病毒不易机械接种，需通过 Agroinfiltration 才能实现。

（二）Agroinfiltration 以及在分子植物病毒学研究中的应用

1993 年瑞士科学家 Rossi 等创建了一种农杆菌介导的基因瞬间表达系统，他们将带有重组质粒的农杆菌，经诱导后通过抽真空渗透入植物叶片并进而渗透植物细胞，通过目的基因瞬间表达来检测植物中农杆菌介导的 T-DNA 转移的效率。随后人们又采用针管注射活体植株叶片进行农杆菌介导的基因瞬间表达检测。现在把这两种方法所进行的农杆菌介导的基因瞬间表达统称为 Agroinfiltration。近几年该技术不断完善、发展，已被广泛应用于外源基因表达分析、无毒基因与抗性基因的相互作用、基因沉默、启动子分析及分离新的防御基因等诸多植物分子生物学领域。

Agroinfiltration 是在根癌农杆菌 Ti 质粒介导植物细胞转化的理论基础上形成并发展起来的。它是将目的基因或者病毒完整基因组的 cDNA 插入共整合载体或双元载体，转化根癌农杆菌，后者经酚类化合物（如乙酰丁香酮）诱导处理后，通过真空渗透或针管注射入植物叶片组织中，农杆菌在叶片内与植物细胞紧密接触。诱导处理在转录水平激活 Virt 区基因，真空渗透或注射使得农杆菌与植株叶片细胞接触，从而实现了 T-DNA 转移进入植物细胞核。大部分 T-DNA 并未整合入植物基因组，暂时存在于核内并在植物细胞转录、翻译成分的协助下瞬间表达 T-DNA 基因，几天后即可检测到外源基因的表达或者病毒在植物中的复制，而少量整合进植物染色体的 T-DNA 在瞬间表达中不起作用或极为微弱。

(三)Northern blotting 和 Western blotting 的原理

印迹法(blotting)是指将样品转移到固相载体上，而后利用检测反应来检测样品的一种方法。1975 年，Southern 建立了将 DNA 转移到硝酸纤维素膜上(NC 膜)上，并利用 DNA-DNA 杂交检测特定的 DNA 片段的方法，称为 Southern blotting。而后人们用类似的方法，对 RNA 和蛋白质进行印迹分析，对 RNA 的印迹分析称为 Northern blotting，对单向电泳后的蛋白质分子的印迹分析称为 Western blotting。

Northern blotting 原理：将待检测的 RNA 通过琼脂糖凝胶电泳进行分离，继而将其变性并按其在凝胶中的位置通过毛细管印迹法转移到尼龙膜上，固定后再与同位素或其他标记物标记的 DNA 或 RNA 探针进行反应。如果待检物中含有与探针互补的序列，则二者通过碱基互补的原理进行结合，洗涤去掉游离探针后，用放射自显影或其他合适的技术进行检测，从而显示出待检的片段及其相对大小。

Western blotting 原理：将待检测的蛋白质样品经过处理后，通过 SDS-PAGE 进行分离，而后通过电泳印迹的方法将其转移到硝酸纤维素膜(NC 膜)上，再经过封闭、一抗特异性结合和酶标二抗的处理，最后经过底物溶液的处理，生成肉眼可见的有颜色的沉淀带。

本实验主要利用 Northern blotting 和 Western blotting 来分别检测病毒的 RNA 和外壳蛋白(coat protein)。

三、实验材料

1. 病毒

本实验以一种在我国发现的新病毒——甜菜黑色焦枯病毒(*Beet black scorch virus*，BBSV)为材料。

2. 试剂

(1)0.8%琼脂糖凝胶：称取 0.4 g 琼脂糖于 50 mL 0.5×TBE 中，微波炉加热 10 s 使之融化，然后倒入制胶槽凝固后备用。1%琼脂糖凝胶配制方法相同。

(2)5×TBE 缓冲液：108 g Tris-base，55 g 硼酸(H_3BO_3)，40 mL 0.5 mol·L^{-1} EDTA (pH 8.0)，用蒸馏水定容至 2 L，用前稀释 10 倍使用。

(3)0.2 mol·L^{-1} PB(pH 7.0)缓冲液：称取10.58 g的KH_2PO_4和43.78 g的$Na_2HPO_4 \cdot 12H_2O$，溶解后补水至1 L，高压灭菌20 min。

(4)RNA提取缓冲液：20 mmol·L^{-1} Tris-HCl (pH 7.8)，200 mmol·L^{-1} NaCl，5 mmol·L^{-1} EDTA，1.0% SDS。

(5)6×DNA Loading Buffer：0.25%溴酚蓝，30%甘油水溶液，常温保存。

(6)苯酚/氯仿/异戊醇(phenol : chloroform : isoamyl alcohol，25 : 24 : 1)：100 mL水饱和酚，96 mL氯仿，4 mL异戊醇混匀，上层用含0.2% β-巯基乙醇的水封顶，以防止氧化。

(7)金刚砂，100%乙醇，70%乙醇，三氯甲烷，液氮，TrionX-100，蔗糖。

(8)2×GKP缓冲液：50 mmol·L^{-1}甘氨酸，30 mmol·L^{-1} K_2HPO_4，pH 9.2，1% Bentonite，1% Celite。

(9)4 mol·L^{-1} LiCl：称取24.16 g的$LiCl \cdot H_2O$，溶于100 mL DEPC处理过的水中，高温高压灭菌20 min。注意：DEPC(焦炭酸二乙酯)为强致癌物，具有较强的挥发性，受热或见光易分解，必须戴手套和口罩将其置于通风橱中操作。

(10)M-MLV逆转录酶(Promega)。

(11)DIG-High Prime DNA Labeling and Detection Starter Kit I(Roche公司)。

(12)尼龙膜(Hybond N^+)和硝酸纤维素膜(NC膜，Hybond C)(Amersham Pharmacia)。

(13)EB储备液(10 mg·mL^{-1})：1 g EB溶于100 mL水中，4℃避光保存。注意：EB为致癌物，操作时要戴一次性手套防护。

(14)Northern blotting所用溶液的配制

Washing buffer：0.1 mol·L^{-1} Maleic acid，0.15 mol·L^{-1} NaCl；pH 7.5 (20℃)；0.3%(*V*/*V*)吐温-20；

Maleic acid buffer：0.1 mol·L^{-1} Maleic acid ，0.15 mol·L^{-1} NaCl；用固体NaOH调pH值至7.5；

Detection buffer：0.1 mol·L^{-1} Tris-HCl，0.1 mol·L^{-1} NaCl，pH 9.5 (20℃)；

Blocking solution：用Maleic acid buffer将10×Blocking solution稀释10倍；

Antibody solution：将Anti-Digoxigenin-AP直接加入Blocking solution中(1 : 5 000稀释)；

20×SSC：175.6 g NaCl，88.2 g柠檬酸三钠，用浓盐酸调pH值至7.0后，用ddH_2O定容至1 L，高压灭菌20 min后室温保存。

(15)Western blotting 溶液的配制

蛋白上样缓冲液(2×):100 mmol·L^{-1} Tris-HCl(pH 6.8),20%甘油,4% SDS,0.2%溴酚蓝,用前加 5% β-巯基乙醇(2-ME);

下层分离胶储备液(500 mL):90.86 g Tris-base,2 g SDS,用浓盐酸调 pH 值至 8.8,定容至 500 mL;

上层浓缩胶储备液(500 mL):30.285 g Tris-base,2 g SDS,用浓盐酸调 pH 值至 6.8,定容至 500 mL;

30%丙烯酰胺 Bis(Acr-Bis)储备液(100 mL):29 g 丙烯酰胺,1 g Bisacrylamide,过滤后倒入棕色瓶,即为 30% Acr-Bis(29∶1);

10%过硫酸铵:称取 1 g 过硫酸铵加入 10 mL 去离子水中搅拌溶解,贮存于 4℃;

TEMED:4℃冰箱中避光保存;

注意:丙烯酰胺为神经毒剂,配制时务必戴上手套和口罩;SDS 粉末易飘散并对呼吸道和皮肤有很强的刺激作用,操作时要戴手套和口罩;过硫酸铵易分解,故一次不要配制太多;β-巯基乙醇和 TEMED 有较强的挥发性和毒性,操作时要在通风橱中进行;

5×SDS-PAGE 电泳缓冲液:15.1 g Tris-base,94 g 甘氨酸,5.0 g SDS,充分溶解后定容至 1 L,室温保存;

5×转移缓冲液(trans buffer):29 g Tris-base,14.6 g 甘氨酸,1.85 g SDS,定溶至 1 L。用前稀释 5 倍,同时补加终体积(V/V)20%的甲醇,室温保存;

10×TBST:0.2 mol·L^{-1} Tris-HCl(pH 8.0),pH 7.5,1.5 mol·L^{-1} NaCl,用前稀释 10 倍,再加入 500 μL 吐温-20,4℃下保存。注:吐温-20 是一种表面活性剂,可以降低显色后膜的背景;

封闭液:TBST Buffer+5%(W/V)脱脂奶粉;

NBT 贮液(0.20 g·mL^{-1},4×):称取 NBT 0.4 g,加入 2 mL 70% N′N′-二甲基甲酰胺,4℃避光保存。用之前,先用 70% N′N′-二甲基甲酰胺将原液稀释 4 倍(50 mg·mL^{-1});

BCIP 贮液(0.20 g·mL^{-1},4×):称取 BCIP 0.4 g,加入 2 mL N′N′-二甲基甲酰胺,−20℃避光保存。用之前,先用 N′ N′-二甲基甲酰胺将原液稀释 4 倍(50 mg·mL^{-1});

注意:N′ N′-二甲基甲酰胺有致癌作用,操作时要戴手套和口罩。

碱性磷酸酯酶显色缓冲液(AP buffer):10 mL 1 mol·L^{-1} Tris-HCl(pH 9.5),2 mL 5 mol·L^{-1} NaCl,用 ddH_2O 定容至 100 mL。

(16)Tris-Gly SDS 不连续系统不同浓度凝胶配制用量见表 9-1。

表 9-1 Tris-Gly SDS 不连续系统不同浓度凝胶配制用量

分离胶浓度	10%	12.5%	15%	浓缩胶
下层胶储备液 (mL)	2	2	2.0	
上层胶储备液(mL)				0.625
Acr-Bis (mL)	2.65	3.35	4.0	0.375
H_2O (mL)	3.35	2.65	2.0	1.5
10%过硫酸铵 (μL)	50	50	50	7.5
TEMED (μL)	4	4	4	2.5

注意:配制凝胶时要戴手套和口罩,过硫酸铵和 TEMED 的加入要在通风橱中操作,液体混合物不可以直接丢弃,需待凝固后再弃掉。

3. 主要仪器

Beckman 高速离心机和超速离心机,匀浆器,涡旋振荡器,低温冷冻离心机,恒温水浴锅,研钵,核酸电泳槽,电泳仪,超净台,PCR 仪,BioRad Mini-PROTEAN 3 蛋白电泳系统和 Mini-Protean 3 电转移槽,紫外交联仪,杂交炉(Hybrid oven)和杂交管,BioRad 凝胶成像扫描仪。

四、实验步骤

(一)BBSV 侵染性 cDNA 克隆的体外转录

以 100～200 ng 线性化的质粒为模板,在 30 μL 的反应体系中含有 6 μL 0.5 mmol·L^{-1} NTP(10 mmol·L^{-1} ATP、GTP、CTP 和 UTP 各 1.5 μL)、3 μL 100 mmol·L^{-1} DTT、30 U RNasin 和 10 U T7 RNA Polymerase,37℃保温 1.5 h。加 1 μL DNase I (RNase free),37℃保温 30 min,除去 DNA 模板,取 2 μL 电泳检查转录产物的含量。

注意:操作过程中所用的离心管、Tip 头以及溶液需是 RNase-free。

(二)BBSV 的提纯与病毒 RNA 的提取

将感染 BBSV 的苋色藜叶片称重,加入 3 倍体积(*W*/*V*)的 0.2 mol·L^{-1} PB 缓冲液(pH 7.0,含 0.1% β-巯基乙醇)。匀浆后双层纱布过滤,加入滤液体积的 15%的三氯甲烷(氯仿),冰浴中搅拌 20 min。8 000 r/min 离心 25 min,保留上清液,加入 3%(*W*/*V*)的 NaCl,冰浴中搅拌溶解,然后边搅拌边加入 PEG6000 至终浓度 6%,继续搅拌 2 h,静置 1 h。10 000 r/min 离心 30 min,弃上清。沉淀溶于

30 mL 0.01 mol · L^{-1} PB 缓冲液中(pH 7.0,含 0.1% TritonX-100),10 000 r/min 离心 20 min,收集上清,加入 5 mL 20%的蔗糖垫上,4℃ 30 000 r/min 离心 1 h(Beckman Ty70 转头)。沉淀溶于 3 mL 0.01 mol · L^{-1} PB 缓冲液(pH 7.0),12 000 r/min 离心 20 min。收集上清加到 5 mL 20%的蔗糖垫上,30 000 r/min 离心 1 h,沉淀溶于 2 mL 的 0.01 mol · L^{-1} PB 缓冲液(pH 7.0)中。注意:加三氯甲烷的过程必须缓慢少量滴加,以防局部浓度过高造成蛋白变性;加入一定浓度的三氯甲烷的目的主要是除去杂蛋白;超速离心机必须经过专门的培训才可使用,需用电子天平保证样品的平衡,放置转头时必须对准;加蔗糖垫的过程需从样品的底部用针管缓慢加入 20%蔗糖溶液,加的过程中不能有气泡产生,以防样品与蔗糖溶液混合造成失去密度梯度。

取 200 μL BBSV 提纯液,加入等体积的 RNA 提取缓冲液,再加入 500 μL 的苯酚/ 氯仿/异戊醇,混匀后置于冰上 2 min,4℃下 12 000 r/min 离心 5 min。取上清,加入 2 倍体积无水乙醇,−20℃沉淀 30 min。4℃下 12 000 r/min 离心 15 min,沉淀用 70%的乙醇洗两次,超净台内吹干,溶于 20 μL DEPC 处理的 ddH_2O 中,−20℃保存备用。

(三)寄主植物的接种与发病症状的观察

(1)在苋色藜(*Chenopodium amaranticolor*)叶片上喷洒少许灭菌的金刚砂,蘸取少许提纯的 BBSV 病毒或者 BBSV 侵染性 cDNA 克隆(DNA),轻轻涂抹叶片,然后再以清水冲洗。

(2)取 BBSV 侵染性 cDNA 克隆体外转录物(RNA)或提纯的病毒 RNA,与等体积的 2×GKP 缓冲液混合,涂抹苋色藜叶片。

(3)将构建好的 BBSV 的双元载体导入农杆菌中,并进行诱导培养,用无针头的注射器,靠压力将菌液从叶片背面注入番杏或者烟草叶片的两个分叶脉之间。接种后 3 d,开始观察寄主植物的发病情况,并拍照记录。

注意:摩擦接种叶片时需戴一次性塑胶手套,并朝一个方向均匀涂抹开,用力过大会导致叶片枯死。

(四)植物总 RNA 的提取

取 0.5 g 发病苋色藜叶片置于液氮中研磨,迅速转至 1.5 mL 的 Eppendorf 管中,加 600 μL 苯酚/氯仿和 600 μL RNA 抽提缓冲液,涡旋振荡 2 min,4℃下 12 000 r/min 离心 15 min。上清用 500 μL 苯酚/氯仿/异戊醇再抽提一次后,加入二倍体积的 4 mol · L^{-1} LiCl,4℃沉淀 4 h 以上。4℃下 12 000 r/min 离心 15 min,沉淀用 70%的乙醇洗两次,超净台内晾干,溶于 20 μL DEPC 处理的

ddH_2O中，−20℃保存备用或−80℃长期保存。

注意：RNA 提取过程中关键的一点是要操作迅速，由于 RNA 极易被环境中广泛存在的 RNase 降解，稍有污染就会导致最终提取的 RNA 质量下降。首先要选择新鲜的样品，枯萎的叶片不宜用来提取 RNA，液氮研磨时要戴棉手套防止冻伤，然后依次加入苯酚/氯仿和 RNA 抽提缓冲液，这一步的操作尤其要迅速，后续的操作要注意低温和防止外界触及样品，并及时进行后续的检测。

(五)反转录 PCR (RT-PCR)检测 BBSV 的特异片段

以 2～3 μg 的总 RNA 为模板，在 30 μL 反应体系中，加入 15 U 的 AMV 或 200 U 的 M-MLV 逆转录酶、50 U 的 RNasin、3 μL 0.1 mol·L^{-1} DTT、1 μL 10 mmol·L^{-1} dNTPs 和 0.5 μg 的引物-1，42℃下保温 1.5～2 h。

在 0.5 mL Eppendorf 管中，按表 9-2 依次加入各溶液。

表 9-2 Eppendorf 管加入溶液 μL

ddH_2O	36
Taq DNA Polymerase 10×buffer	5
Primer-1 (0.1 μg·μL^{-1})	1
Primer-2 (0.1 μg·μL^{-1})	1
5 mmol·L^{-1} dNTP	1
Taq DNA Polymerase (5 U·μL^{-1})	1
反转录产物	5
总体积	50

稍离心后，进行 PCR 扩增。反应条件为：94℃预变性 5 min，94℃变性 30 s，50～60℃复性 20 s，72℃延伸，30～35 个循环。复性温度根据所用引物的 T_m 值确定，延伸时间根据所扩增片段的长度确定(1 kb·min^{-1})。反应结束后，取 6～8 μL 反应产物，加入 2～3 μL 6×DNA Loading buffer，于 0.8% 琼脂糖凝胶电泳检测。

(六)Northern blotting 检测病毒 RNA 在植物中的复制

1.探针标记

可任选一种，本实验采用非同位素标记 DNA 探针。

(1)同位素标记 DNA 探针

采用 Prime-a-gene Labeling System(Promega 公司)进行标记。在 Eppendorf 管中依次加入约 25 ng 模板 DNA，10 μL 5×Buffer，dATP、dTTP、dGTP 各 2 μL，5 U Klenow 大片段，40 μCi α-^{32}P-dCTP，补水至 50 μL。37℃下保温 1 h 后，经沸水浴 10 min，立即置于冰上。

（2）同位素标记 RNA 探针

以 100～200 ng 线性化的质粒 DNA 为模板，在 30 μL 的反应体系中加入 10 mmol·L^{-1} 的 ATP、GTP、CTP 和 100 μmol·L^{-1} 的 UTP 各 1.5 μL，3 μL 100 mmol·L^{-1} DTT、30 U RNasin 和 10 U T7 RNA Polymerase，30 μCi α-^{32}P-UTP，37℃下保温 1.5 h。加 1 μL DNase Ⅰ（RNase free），37℃下保温 30 min，除去 DNA 模板。

注意：如进行同位素操作，需经过专门的培训后方可独立进行。

（3）非同位素标记 DNA 探针

用一对特异引物扩增获得 BBSV 的 cDNA 片段的 3′ 非翻译区，采用 DIG-High Prime DNA Labeling and Detection Starter Kit Ⅰ（Roche 公司）标记作为探针，预杂交、杂交、洗膜和显色等步骤均按照该试剂盒的说明进行。

2. Northern blotting

（1）RNA 变性琼脂糖凝胶电泳

制作 1%的琼脂糖凝胶。取 10 μg 提取的总 RNA 样品，加入等体积的 RNA 样品稀释液（1×电泳缓冲液，2.2 mol·L^{-1}甲醛，50%甲酰胺），68℃变性 5 min，立即置冰上 2 min，60～100 V 电泳 3～4 h。

注意：甲醛和甲酰胺均为致癌物质，须戴手套和口罩操作；另外，需对上样的样品进行严格的定量以保证 Northern blotting 结果的可比性。

（2）转膜

电泳后的凝胶在 2×SSC 中漂洗一下，利用毛细管法，经 20×SSC 转移至 Hybond-N^+ 尼龙膜上（图 9-1）。

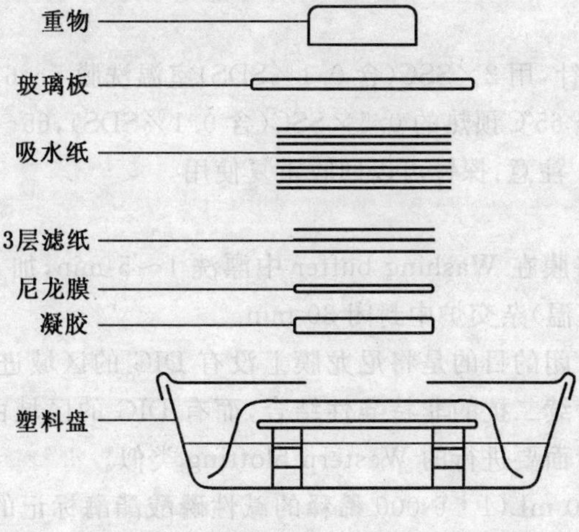

图 9-1　核酸从琼脂糖凝胶至固相支持物（尼龙膜）的毛细管转移法示意图

注意：转膜过程中关键是要保证尼龙膜和琼脂糖凝胶之间不能有气泡，另外，滤纸与胶、滤纸与滤纸及其他各层之间也不能有气泡，还必须用塑料膜将盐桥的周边进行封闭，以保证液体只能通过琼脂糖凝胶和尼龙膜到达吸水纸，防止短路的发生；转膜中间要换一次吸水纸，以保证毛细管的效率。

(3)紫外交联固定核酸

转移完成后，将膜在80℃固定1.5 h或经紫外交联(0.120 joules,1 min)固定核酸。

(4)预杂交

将膜放入杂交管（正面朝内转），加入预热的5 mL预杂液（kit 7,DIG Easy Hyb),42℃预杂交30 min。

注意：尼龙膜与杂交管之间不能有气泡，防止造成较高的背景。预杂交的目的是将尼龙膜上没有核酸的区域进行封闭，即核酸水平上的封闭，而已有核酸的区域由于占位效应将不会受到影响。

(5)探针变性

待预杂快结束时，68℃，10 min处理探针（如果是新制备的探针则沸水煮使探针变性），迅速置冰上(防止复性)。

(6)杂交

将探针全部直接加入杂交管中，42℃杂交炉中杂交4 h或过夜。

注意：不可以直接将探针加到尼龙膜上，这样很容易造成较高的背景，需将探针加至预杂液中。

(7)洗膜

4 h后，回收探针，用2×SSC(含0.1%SDS)室温洗膜5～6 min，每次30 mL，共洗2次；而后用经65℃预热的0.5×SSC(含0.1%SDS),65～68℃继续洗膜，每次15 min，洗2次。注意：探针可以回收重复使用。

(8)封闭

倒掉洗膜液，将膜在Washing buffer中漂洗1～5 min，加入10 mL Blocking solution,37℃(或室温)杂交炉中封闭30 min。

注意：这一步封闭的目的是将尼龙膜上没有DIG的区域进行封闭，即蛋白水平上的封闭，防止后续二抗的非特异性结合，而有DIG的区域由于占位效应将不会受到影响，这和后面要进行的Western blotting类似。

(9)加入二抗10 mL(1∶5 000稀释的碱性磷酸酯酶标记的抗DIG的二抗)，杂交炉中37℃(或室温)处理30 min。

(10)洗膜

加入15 mL Washing buffer,每次15 min,共洗2次。

(11)显色

避光条件下,将尼龙膜置于含330 $\mu g \cdot mL^{-1}$ NBT和165 $\mu g \cdot mL^{-1}$ BCIP的碱性磷酸酯酶缓冲液(AP buffer)中避光显色至条带清晰,用蒸馏水冲洗终止反应并扫描图片记录结果。

(七)Western blotting检测植物中的病毒蛋白

(1)SDS聚丙烯酰胺凝胶电泳

称取0.5 g叶片,液氮中研磨,加入100 μL的蛋白上样缓冲液,振荡,沸水浴10 min处理使蛋白变性,立即置于冰上10 min,防止复性;12 000 r/min离心5 min,取上清10 μL经SDS-PAGE胶(4.5%浓缩胶,12.5%分离胶)分离。

注意:戴棉手套防止液氮冻伤,沸水浴煮沸过程中要防止崩盖和进水,可先加热后开盖放气而后再继续进行煮沸变性。

(2)转膜

SDS-PAGE凝胶在转移缓冲液中,用电转移的方法(图9-2)将蛋白质转移至硝酸纤维素膜(NC膜)上,200 mA低温环境中电转1.5 h,采用Bio-Rad公司Mini-Protean 3电转移槽进行。

注意:转膜时蛋白同样是从负极(—,黑色)到正极(+,红色),勿放错方向;如上面Northern blotting中所述,PAGE胶与NC膜之间及其他任何两层之间不能有气泡,防止短路。

(3)封闭

转移完毕的NC膜在TBST缓冲液中漂洗一次,转入10 mL封闭液中37℃封闭1 h或4℃封闭过夜(推荐)。注意:此步封闭的目的是蛋白水平上的封闭,即NC膜上未结合蛋白的区域将被脱脂牛奶封闭,防止后续一抗的非特异性结合,而已有蛋白的区域由于占位效应将不会受到影响。

(4)一抗反应

封闭完成后,直接在封闭液中加入5 μL(1∶2 000)的BBSV特异性兔抗血清,37℃温育1~2 h。

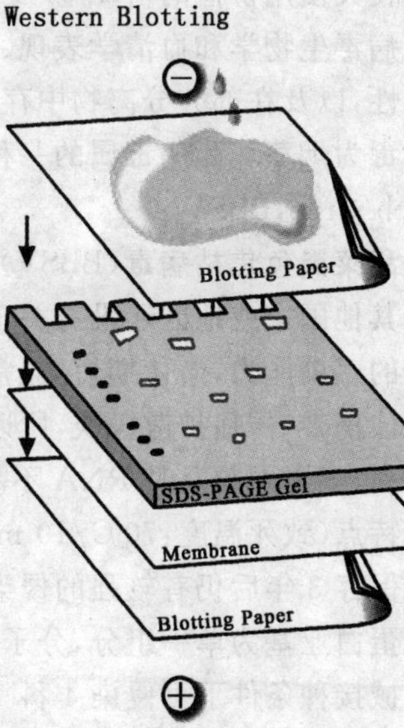

图9-2 蛋白质从SDS聚丙烯酰胺凝胶转移至硝酸纤维素膜的电转移法示意图

(5)二抗反应

将NC膜在TBST缓冲液中漂洗3次，每次10 min，再加入用TBST稀释(1∶5 000)的碱性磷酸酯酶标记的羊抗兔二抗(Sigma)，37℃反应30～60 min。再用TBST洗膜3次，每次10 min。

(6)显色

避光条件下，将NC膜置于含330 μg·mL^{-1} NBT和165 μg·mL^{-1}BCIP的碱性磷酸酯酶缓冲液0.25 mL·cm^{-2}中避光显色至条带清晰，用蒸馏水冲洗终止反应并扫描图片记录结果。

注意：显色后的尼龙膜或NC膜最好立即扫描记录，防止褪色。

附：甜菜黑色焦枯病毒简介

20世纪80年代初，在我国新疆、宁夏、内蒙古、甘肃、黑龙江、吉林等甜菜主产区陆续发现了一种黑色焦枯型甜菜病毒病害，给生产带来了巨大的损失。该病害在甜菜上的症状主要表现为叶片直立向上，叶脉间产生黑色焦枯病斑，叶缘内卷，根毛大量坏死等。1989年，仅宁夏发病面积就约占全区甜菜产区69.2%，其中，绝产或丧失使用价值的占4.6%。中国农业大学农业生物技术国家重点实验室，根据该病毒生物学和血清学表现、真菌传播特性、基因组的大小和结构，核苷酸序列同源性，以及在部分分离物中存在卫星RNA组分等研究结果，在国际上首次证明该病毒为烟草坏死病毒属的一种新的病毒，定名为甜菜黑色焦枯病毒(Beet black scorch virus，BBSV)。

甜菜黑色焦枯病毒(BBSV)是一种仅在中国、美国以及伊朗发现的新病毒，在世界其他国家或地区还没有关于该病毒的类似报道。BBSV对多种寄主植物具有极高的感染能力，潜伏期短，通常造成局部或整株叶片坏死。在田间由土壤中的真菌介体携带，传播扩散极快，所以对甜菜生长的危害极大。BBSV还具有自身复制效率高，病毒颗粒及其RNA不易降解，并且在体内及提纯的病毒中有很好的稳定性等特点(致死温度：70℃/10 min；20℃体外存活期13 d以上；冻干叶片在4℃冰箱中保存3年后仍有较强的侵染能力)。BBSV是一种直径为28 nm的球形病毒，外壳蛋白亚基为单一组分，分子质量约为24.5 kDa。自然条件下只侵染甜菜，人工机械接种条件下可侵染4科13种植物，如苋色藜、番杏和本珊烟等。BBSV由甘蓝油壶菌(*Olpidium brassicae*)以游动孢子鞭毛体外带毒方式携带传播，血清学上只与烟草坏死病毒(*Tobacco necrotic virus*，TNV)柳树分离物具有较弱的血清学关系。序列分析表明，BBSV基因组为一条单链正义ss(+)RNA，由3 644个核苷酸组成(GenBank登录号：AF452884)，包含6个开放阅读框(ORFs)，以通读

(readthrough)和亚基因组方式编码产生具有不同功能的蛋白质,其中,3′末端的ORF编码24.5 kDa的病毒外壳蛋白。

五、问题及讨论

(1)RNA病毒侵染性cDNA克隆有何用途?构建的原理和方法是什么?

(2)如何从寄主植物中检测病毒的复制?

(3)Northern blotting和Western blotting中哪些关键步骤需要注意?

参 考 文 献

[1] Ausubel F. M. Short protocols in molecular biology. Wiley New York,1995.

[2] Cao Y.,Cai Z.,Ding Q.,*et al*. The complete nucleotide sequence of *Beet black scorch virus* (BBSV),a new member of the genus *Necrovirus*. Archives of Virology. 2002(147):2431-2435.

[3] Fourney R. M.,Miyakoshi J.,Day Iii R. S.,*et al*. Northern blotting: efficient RNA staining and transfer. Focus,1998(10):5-7.

[4] Rossi L.,Escudero J.,Hohn B.,*et al*. Efficient and sensitive assay for T-DNA-dependent transient gene expression. Plant Molecular Biology Reporter. 1993(11):220-229.

[5] Southern,E. M. Detection of specific sequences among DNA fragments separated by gel electrophoresis. J. Mol. Biol. 1975(98):503-517.

[6] Burnette,W. N. "Western Blotting": Electrophoretic transfer of proteins from sodium dodecyl sulfate-polyacrylamide gels to unmodified nitrocellulose and radiographic detection with antibody and radioiodinated protein A. Analytical Biochemistry 1981(112):195-203.

[7] Sambrook,等. 分子克隆实验指南. 3版. 黄培堂,等译. 北京:科学出版社,2002.

[8] 刘兆明,刘宗旨. Agroinfiltration在植物分子生物学研究中的应用. 生物工程学报,2002(18):411-414.

[9] 席德慧,曹云鹤,郭立华,等. 甜菜黑色焦枯病毒新疆分离物基因组RNA的序列分析及侵染性cDNA克隆构建. 病毒学报,2006(22):309-313.

实验十　大肠杆菌β-半乳糖苷酶诱导合成、分离纯化及动力学研究

一、实验目的

加深对大肠杆菌乳糖操纵子的理解，证实β-半乳糖苷酶是诱导合成的，且该酶的合成受到严格调控；掌握大肠杆菌β-半乳糖苷酶的分离、纯化及动力学研究的方法及技术。

二、实验原理

（一）大肠杆菌的乳糖操纵子

原核生物的基因组中功能相近或相关的基因常常排列在一起，转录成一个大的 mRNA 分子，然后分别翻译出相应的酶或多肽，这种 RNA 被称为多顺反子 RNA。大肠杆菌的乳糖操纵子由结构基因 *lacZYA*、启动子(*P*)及操纵基因(*O*)组成。结构基因分别编码β-半乳糖苷酶(β-galactosidase)、β-半乳糖苷透性酶(β-galactoside permease)和β-半乳糖苷转乙酰酶(thiogalactoside transacetylase)。其中β-半乳糖苷酶(EC3.2.1.23)对于含有β-*D*-半乳吡喃糖苷的碳水化合物(如乳糖)具有水解和转移糖基功能。β-半乳糖苷酶在以乳糖作为底物和转糖基的受体可以生成低聚半乳糖；如果转糖基的受体是水分子，β-半乳糖苷酶就表现为水解活性，释放水解乳糖的产物半乳糖和葡萄糖。

大肠杆菌乳糖操纵子有两种调控方式，即正调控和负调控。调节基因产生的阻遏蛋白参与负调控；CAP(catabolite activator protein，CAP)蛋白作为激活蛋白参与正调控。调控区包括启动子、操纵基因及 CAP 结合位点。

负调控：乳糖操纵子的启动子上游是调节基因(*lacI*)，*lacI* 基因与结构基因相邻，但不属同一转录单位，含有自己的启动子和终止子。*lacI* 的产物为阻遏蛋白，能与操纵基因(*O*)结合，阻止结构基因的转录。阻遏蛋白是由 4 个相同亚基组成的四聚体，每个亚基分子质量为 38 kDa。一个大肠杆菌细胞内大约有 10 个阻遏蛋白分子。阻遏蛋白的活性又受乳糖和异丙基-β-*D*-硫代半乳糖苷(IPTG)等小分

子诱导物的影响，当环境中有乳糖时，乳糖进入细胞后由细胞内组成型表达的β-半乳糖苷酶催化变成异乳糖，与阻遏蛋白结合，使之构型发生变化而不能与操纵基因结合，因此RNA聚合酶便能与启动子结合，转录出大的mRNA分子，进而再翻译出β-半乳糖苷酶、透性酶和转乙酰酶。当细胞内的乳糖和异乳糖被利用完后，阻遏蛋白又可以结合在操纵基因上，使乳糖操纵子的结构基因处于关闭状态。这种调控的机理是由于操纵基因区与启动子区重叠，当阻遏蛋白与操纵基因结合后，影响了RNA聚合酶与启动子-10区紧密结合形成稳定的起始复合物，而阻止结构基因的转录。

正调控：在乳糖操纵子启动子上游存在CAP结合位点，CAP与其结合后可促进RNA聚合酶与启动序列结合，从而促进转录。但是，CAP单独不能与其位点结合，只有与cAMP形成复合物后才能与CAP位点结合。细胞内葡萄糖缺乏时，cAMP水平升高，cAMP-CAP复合物形成并与CAP结合位点结合，促进RNA聚合酶与启动子序列结合并启动转录。葡萄糖丰富时，cAMP水平降低，cAMP-CAP复合物不能形成，CAP不能与DNA结合，不能启动转录。

（二）β-半乳糖苷酶的诱导合成

大肠杆菌细胞内的β-半乳糖苷酶是一类诱导酶，在没有其作用底物（乳糖或半乳糖苷）存在时，每个细胞仅含几个分子的β-半乳糖苷酶。但大肠杆菌生长在以甘油等中性化合物（即对其他碳水化合物的代谢不起阻遏或刺激作用）为碳源的培养基中时，若加入乳糖（即诱导物），β-半乳糖苷酶的量会在短时间内增加10^3～10^5倍。如果一旦移去乳糖，细菌又很快停止β-半乳糖苷酶的合成。乳糖的结构类似物IPTG能诱导乳糖分解酶系统中的β-半乳糖苷酶的产生。用IPTG代替乳糖，除了有其本身不被分解的优点外，还有被诱导的酶产生快、量大（酶活性一般高出乳糖为底物时3倍多）等优点。如果在甘油培养基中同时加入葡萄糖和IPTG，则大肠杆菌中β-半乳糖苷酶的合成被显著地阻遏，这就是葡萄糖效应或分解阻遏。但若同时加入cAMP，则β-半乳糖苷酶的合成不受葡萄糖的影响。高浓度的cAMP甚至有可能刺激β-半乳糖苷酶的合成。

β-半乳糖苷酶除了催化乳糖的水解外，还能催化邻硝基苯酚-*β*-*D*-吡喃型半乳糖苷（ONPG）水解成邻硝基苯酚（ONP）和半乳糖。底物ONPG是无色的，生成的ONP在碱性溶液中是黄色的，根据颜色的深浅（在420 nm处的光吸收强弱）可测出酶的活性。由于多数细菌的β-半乳糖苷酶为胞内酶，所以测酶活力时需事先加入甲苯或氯仿/SDS，破坏细胞膜，使酶释放出来。

(三)β-半乳糖苷酶的分离及纯化

β-半乳糖苷酶的纯化分两步进行。第一步是把酶吸附在二乙氨基纤维素(DEAE-纤维素)弱碱性的阴离子交换树脂上。DEAE等阴离子树脂的侧链带正电荷,可以与带负电荷的蛋白质结合。蛋白质对离子交换剂的结合力取决于彼此间相反电荷基团之间的静电吸引。而蛋白质所带的电荷又与溶液pH值有关,因为pH值决定离子交换剂与蛋白质电离程度。盐类的存在可以降低离子交换剂的离子基团和蛋白质的相反电荷基团之间的静电相互吸引。因此,蛋白质混合物的分离可通过由改变溶液中盐类离子强度和pH值来完成。对离子交换剂结合力最小的蛋白质首先由层析柱中洗脱出来。洗脱方式一般有两种:一种是跳跃式的分段洗脱;另一种为渐进式的连续洗脱。

第二步是向第一步分离的蛋白质溶液中加入饱和的硫酸铵溶液或固体硫酸铵,直至一些蛋白质从溶液中沉淀出来,这种现象叫盐析。不同的蛋白质在不同浓度的盐中形成沉淀,所以常用于蛋白质的分离纯化。大多数蛋白质在55%硫酸铵中沉淀,获得最大蛋白质沉淀的是85%硫酸铵溶液。盐析作用机理主要是大量中性盐的加入,使水的活度降低,原来溶液中一部分自由水分子转变成盐类离子水化的水分子,从而降低了蛋白质极性基团与水分子之间促进溶解的相互作用。

(四)β-半乳糖苷酶的动力学研究

1. 酶活力与酶反应速度

酶活力指酶催化一定化学反应的能力,可以用在一定条件下它所催化的某一化学反应的反应速度来表示。所以测定酶活力就是测定酶促反应的速度(用v表示)。酶反应速度可用单位时间内产物增加或底物减少的浓度表示,所以反应速度的单位是浓度/单位时间。

将产物浓度对反应时间作图,反应速度只在最初一段时间内保持恒定,随着反应时间的延长,酶反应速度逐渐下降。引起下降的原因很多,如底物浓度的降低、酶在一定的pH值及温度下部分失活、产物对酶的抑制、产物浓度的增加反而加速了逆反应的进行等。因此,研究酶反应速度应以酶促反应的初速度为准,此时上述各种干扰因素尚未起作用,速度保持恒定不变。

2. 酶浓度对反应速度的影响

在酶促反应中,如果底物浓度足够大,足以使酶饱和,则反应速度与酶浓度成正比。若酶的提取物中有抑制剂时,会发生干扰。

3. 底物浓度对酶反应速度的影响

底物浓度对酶促反应速度的影响比较复杂。当底物浓度较低时,随着底物浓度的增加，反应速度随之增加，反应速度与底物浓度呈线性关系，表现为一级反应；随着底物浓度的继续增加，反应速度不再按正比升高，在这一阶段，反应表现为混合级反应；当酶被底物饱和后，随着底物浓度的继续增加，反应速度不再上升，表现为零级反应。本实验在于测 v_{max} 及底物对酶的亲和常数 K_m。

三、实验材料

1. 菌株

大肠杆菌(*E. coli* K12)

2. 培养基及试剂

(1)基本培养基(M9 培养基)

KH_2PO_4(无水)30 g	NaCl	5 g
Na_2HPO_4(无水)60 g	NH_4Cl	10 g

溶解后加水至 1 000 mL，121℃灭菌 20 min。

灭菌后，在 100 mL 这些盐溶液中加入：0. 1 mol · L^{-1} $MgSO_4$ 10 mL，0. 01 mol · L^{-1} $CaCl_2$ 10 mL，加无菌水至 1 000 mL，作为基本培养基。

(2)甘油培养基

在每 1 000 mL 基本培养基中含有 20 mL 甘油。

(3)乳糖培养基

在每 1 000 mL 基本培养基中含有 20 g 乳糖，110℃灭菌 20 min。

(4)2×YT 培养基

蛋白胨 16 g，酵母粉 10 g，NaCl 5 g，加去离子水至 1 000 mL。

(5)Z 缓冲液

每升含有以下成分：

$Na_2HPO_4 \cdot 12H_2O$	(0. 06 mol · L^{-1})	21. 5 g
$NaH_2PO_4 \cdot 2H_2O$	(0. 04 mol · L^{-1})	6. 2 g
KCl	(0. 01 mol · L^{-1})	0. 75 g
$MgSO_4 \cdot 7H_2O$	(0. 001 mol · L^{-1})	0. 246 g
巯基乙醇	(0. 05 mol · L^{-1})	2. 7 mL
pH 7. 0		

(6)磷酸盐缓冲液(PB 缓冲液)

0. 01 mol · L^{-1} 磷酸钠缓冲液(pH 7. 0)(先将 6. 60 g $NaH_2PO_4 \cdot 2H_2O$ 和

20.65 g $Na_2HPO_4 \cdot 12H_2O$ 溶于 1 L 去离子水中，得到 0.1 mol·L^{-1} 的 B 缓冲液，用时稀释 10 倍）。

(7)洗脱液

①含 0.1 mol·L^{-1} KCl 的 PB 缓冲液；

②含 0.2 mol·L^{-1} KCl 的 PB 缓冲液；

③含 0.3 mol·L^{-1} KCl 的 PB 缓冲液；

④含 0.4 mol·L^{-1} KCl 的 PB 缓冲液；

⑤含 0.5 mol·L^{-1} KCl 的 PB 缓冲液。

(8)其他试剂

0.1% SDS，氯仿，10%甘油，10%乳糖，10%葡萄糖，IPIG(200 mg·mL^{-1})，ONPG(4 mg·mL^{-1})，1 mol·L^{-1} Na_2CO_3，硫酸铵，DEAE-52 纤维素。

3. 主要仪器

可见光分光光度计，振荡器，水浴摇床，恒温水，高速冷动离心机，层析柱。

四、实验步骤

(一)大肠杆菌中 β-半乳糖苷酶的诱导合成

1. 菌悬液制备

首先将大肠杆菌 K12 接种到固体 2×YT 平板上进行活化，挑取单菌落接种至 5 mL 2×YT 液体培养基中，37℃培养过夜，2%的接种量接种至 50 mL 甘油培养基中，37℃振荡培养 18 h，作为下面实验接种用的种子液。分 5 组实验，准备 5 份种子液。

2. 酶的诱导合成及其调控

实验分组进行，实验结束后全班集中整理出总的实验结果。

实验开始前每组取一个盛有 25 mL 基本培养基的三角瓶，准备接种用；每组取 21 个 2 mL 离心管，在每只离心管中加入 20 μL 0.1% SDS 和 40 μL 氯仿，盖严后置于冰浴（测酶活性用）；每组再取 10 个 2 mL 离心管，准备测细菌浓度($OD_{600\ nm}$)用。

第 1 组：I^+ 菌株中乳糖对 β-半乳糖苷酶的诱导

(1)往盛有 25 mL 基本培养基的三角瓶中加 1 mL 10%的甘油。

(2)接种 25 mL 生长在甘油培养基 18 h 的菌液，计时，并取 1 mL 测 $OD_{600\ nm}$ 值。

(3)30℃水浴摇床振荡培养 1 h，取 1 mL 并测 $OD_{600\ nm}$ 值。然后向培养瓶中加

1 mL 10％的乳糖，摇匀并开始计时。立即取出 500 μL 培养液到含有 SDS 和氯仿的小离心管中，充分摇匀，置于冰浴中，此管为 0 min 样品。培养瓶继续在 30℃水浴摇床振荡培养。

(4)每 5 min 取 500 μL 培养液一次用于测定β-半乳糖苷酶活性，共取 10 次。然后每 10 min 取样一次，共 10 次。

(5)每 20 min 从培养瓶中取 1 mL 样品测 $OD_{600\ nm}$值。

注意：取样离心管要编号，并记录取样时间。

第 2 组：I^+菌株中无诱导时β-半乳糖苷酶的合成

(1)往盛有 25 mL 基本培养基的三角瓶中加 1 mL 10％的甘油。

(2)接种 25 mL 生长在甘油培养基 18 h 的菌液，计时，并取 1 mL 测 $OD_{600\ nm}$值。

(3)30℃水浴摇床振荡培养 1 h，并测 $OD_{600\ nm}$值。立即取出 500 μL 培养液到含有 SDS 和氯仿的小离心管中，充分摇匀，置于冰浴中，此管为 0 min 样品。培养瓶继续在 30℃水浴摇床振荡培养。

(4)每 5 min 取 500 μL 培养液一次用于测定β-半乳糖苷酶活性，共取 10 次。然后每 10 min 取样一次，共 10 次。

(5)每 20 min 从培养瓶中取 1 mL 样品测 $OD_{600\ nm}$值。

第 3 组：I^+菌株中 IPTG 对β-半乳糖苷酶的诱导作用

(1)向装有 25 mL 基本培养基的三角瓶中加 1 mL 10％的甘油。

(2)接种 25 mL 生长在甘油培养基 18 h 的菌液，计时，并取 1 mL 测 $OD_{600\ nm}$值。

(3)置 30℃水浴摇床振荡培养 1 h，并测 $OD_{600\ nm}$值。然后向培养瓶中加 30 μL IPTG(200 mg·mL^{-1})摇匀，并开始计时。立即取出 500 μL 培养液至含有 SDS 和氯仿的小离心管中，充分摇匀，置于冰浴中，此管为 0 min 样品。培养瓶继续在 30℃水浴摇床振荡培养。

(4)每 5 min 取 500 μL 培养液一次用于测定β-半乳糖苷酶活性，共取 10 次。然后每 10 min 取样一次，共 10 次。

(5)每 20 min 从培养瓶中取 1 mL 样品测 $OD_{600\ nm}$值。

第 4 组：I^+菌株中葡萄糖对乳糖诱导作用的影响

(1)向装有 25 mL 基本培养基的三角瓶中加 1 mL 10％的葡萄糖。

(2)接种 25 mL 生长在甘油培养基 18 h 的菌液，计时，并取 1 mL 测 $OD_{600\ nm}$值。

(3)30℃水浴摇床振荡培养 1 h，并测 $OD_{600\ nm}$值。然后向培养瓶中加 1 mL 10％的乳糖，摇匀并开始计时。立即取出 500 μL 培养液至含有 SDS 和氯仿的小离心管中，充分摇匀，置于冰浴中，此管为 0 min 样品。培养瓶继续在 30℃水浴摇床振荡培养。

(4)每 5 min 取 500 μL 培养液一次用于测定 β-半乳糖苷酶活性,共取 10 次。然后每 10 min 取样一次,共 10 次。

(5)每 20 min 从培养瓶中取 1 mL 样品测 $OD_{600\ nm}$ 值。

第 5 组:I^+ 菌株中葡萄糖对 IPTG 诱导作用的影响

(1)向装有 25 mL 基本培养基的三角瓶中加 1 mL 10%的葡萄糖。

(2)接种 25 mL 生长在甘油培养基 18 h 的菌液,计时,并取 1 mL 测 $OD_{600\ nm}$ 值。

(3)置 30℃水浴摇床振荡培养 1 h,并测 $OD_{600\ nm}$ 值。然后向培养瓶中加 30 μL IPTG(200 mg · mL^{-1})摇匀,并开始计时。立即取出 500 μL 培养液至含有 SDS 和氯仿的小离心管中,充分摇匀,置于冰浴中,此管为 0 min 样品。培养瓶继续在 30℃水浴摇床振荡培养。

(4)每 5 min 取 500 μL 培养液一次用于测定 β-半乳糖苷酶活性,共取 10 次。然后每 10 min 取样一次,共 10 次。

(5)每 20 min 从培养瓶中取 1 mL 样品测 $OD_{600\ nm}$ 值。

3. β-半乳糖苷酶活性的测定

将上述含样品的小离心管从冰浴中取出,置于 30℃水浴中平衡样品温度 10 min。在每个小离心管中分别加入 500 μL Z 缓冲液和 200 μL 底物 ONPG (4 mg · mL^{-1}),反应 10 min 或一直到黄颜色出现,加入 500 μL 1 mol · L^{-1} Na_2CO_3 溶液终止反应。测 420 nm 的吸光值,$OD_{420\ nm}$ 值在 0.1~0.7 时,测定的结果较为可靠。

4. β-半乳糖苷酶活力单位和比活力

本实验把在 pH 7.0 的缓冲液中,30℃保温酶解,每分钟释放出 1 μmol ONP 的酶量,定义为一个酶活力单位。

$$\text{酶活力单位}(\text{U} \cdot \text{mL}^{-1}) = \frac{OD_{420\ \text{nm}}}{\text{反应时间(min)} \times \text{酶液体积(0.5 mL)} \times 1.1}$$

式中:1.1 是 ONP 的微摩尔消光系数。

$$\text{酶比活力} = \frac{\text{每毫升菌液活力单位}(\text{U} \cdot \text{mL}^{-1})}{OD_{600\ \text{nm}}}$$

5. 结果记录

将结果记录于表 10-1 中,并以取样时间为横坐标,β-半乳糖苷酶比活力为纵坐标绘图。为便于比较,最好将 5 组曲线图绘在同一坐标纸上,对结果进行分析和讨论。

表 10-1　大肠杆菌中β-半乳糖苷酶的诱导合成及其调控实验结果

组别	取样时间（min）	菌液浓度（$OD_{600\ nm}$）	产物浓度（$OD_{420\ nm}$）	酶活力单位（$U \cdot mL^{-1}$）	酶比活力（$U \cdot mL^{-1}\ OD_{600\ nm}$）
1					
2					
3					
4					
5					

(二)β-半乳糖苷酶的分离及纯化

1. 细胞培养

(1)首先在2×YT平板上活化菌株，挑取单菌落接种至5 mL 2×YT液体培养基中，37℃培养过夜，然后2%的接种量接种至50 mL 2×YT培养基中培养过夜，再10%接种量接种于100 mL乳糖培养液中，37℃振荡培养过夜。

(2)收集菌体和细胞破碎。

将菌液在4℃条件下，6 000 r/min离心10 min收集菌体。菌体用0.01 $mol \cdot L^{-1}$磷酸盐缓冲液洗涤两次，离心，菌体用2倍体积的磷酸盐缓冲液溶解，转移至小烧杯中，超声波破碎细胞(400 W，工作3 s，间歇3 s，破碎100次)。细胞破碎在冰浴中进行，以防酶失活。镜检判断菌体破碎程度。

破碎的菌悬液转移至50 mL离心管内，12 000 r/min离心30 min。取上清，弃沉淀。上清液为粗提液，取0.2 mL测蛋白含量及酶活性。

2. DEAE-52柱层析

(1)装柱：在层析柱内加入用0.01 $mol \cdot L^{-1}$磷酸盐缓冲液浸泡的DEAE-52纤维素树脂(柱规格13 cm×1.5 cm)，然后用30 mL 0.01 $mol \cdot L^{-1}$磷酸盐缓冲液平衡，平衡后，DEAE-52的体积为8～10 mL。

(2)上样：往柱中加5～10 mL粗提液，并使之正好进入树脂床。

(3)洗脱

①加入20 mL 0.01 $mol \cdot L^{-1}$磷酸盐缓冲液(注意不要冲动树脂)，用一支试管收集洗脱液，直到最后的缓冲液刚好进入树脂床。

②加10 mL含有0.1 $mol \cdot L^{-1}$ KCl的0.01 $mol \cdot L^{-1}$磷酸盐缓冲液，用一支

试管收集洗脱液，直到最后的缓冲液刚好进入树脂床。

③加 10 mL 含有 0.2 $mol \cdot L^{-1}$ KCl 的 0.01 $mol \cdot L^{-1}$ 磷酸盐缓冲液，再用一支试管收集洗脱液，直到最后的缓冲液刚好进入树脂床。

④加 20 mL 含有 0.3 $mol \cdot L^{-1}$ KCl 的 0.01 $mol \cdot L^{-1}$ 磷酸盐缓冲液，用几支试管收集洗脱液，每支收集 5 mL。

⑤加 10 mL 含有 0.4 $mol \cdot L^{-1}$ KCl 的 0.01 $mol \cdot L^{-1}$ 磷酸盐缓冲液，用几支试管收集洗脱液，每支收集 5 mL。

⑥加 10 mL 含有 0.5 $mol \cdot L^{-1}$ KCl 的 0.01 $mol \cdot L^{-1}$ 磷酸盐缓冲液，用几支试管收集洗脱液，每支收集 5 mL。

⑦从每管洗脱液中取 0.1 mL 分析 β-半乳糖苷酶的活性，合并活性最高的样品至小烧杯中，取出 0.2 mL 样品测蛋白质含量及活性。

平衡及洗脱的速度以每分钟 1 mL 为宜。

3. 盐析

(1)量合并样品的体积，在冰浴中搅拌并缓慢加入固体硫酸铵，使溶液的硫酸铵饱和度达 55%。冰浴中静置 30 min。在 0℃下，55%硫酸铵饱和度时，每 100 mL 溶液加入 32.6 g 固体硫酸铵。

(2)4℃条件下，12 000 r/min 离心 15 min。弃清液，标记为 55%硫铵上清液，1～5 mL 0.01 $mol \cdot L^{-1}$ 磷酸盐缓冲液溶解沉淀为粗酶液，−20℃冰箱保存或直接用于动力学分析。

(3)取 0.1 mL 粗酶液样品进行蛋白含量及活性分析。

4. 蛋白含量测定

蛋白含量测定可用考马斯亮蓝 G-250 快速检测法或 Lowry 法。

本实验用考马斯亮蓝 G-250 快速检测法，考马斯亮蓝 G-250 测定蛋白质含量属于染料结合法的一种。考马斯亮蓝 G-250 在游离态下呈红色，当它与蛋白质的疏水区结合后变为青色，前者最大光吸收在 465 nm，后者在 595 nm。在一定蛋白质浓度范围内(0～100 $\mu g \cdot mL^{-1}$)，蛋白质-色素结合物在 595 nm 波长下的光吸收与蛋白质含量成正比。蛋白质与考马斯亮蓝 G-250 结合在 2 min 左右达到平衡，其结合物在室温下 1 h 内保持稳定。

(1)试剂

①牛血清白蛋白：100 $\mu g \cdot mL^{-1}$；

②考马斯亮蓝 G-250：称取 100 mg 考马斯亮蓝 G-250 溶于 50 mL 90%乙醇

中，加入85%(W/V)磷酸100 mL，最后用蒸馏水定容至1 000 mL，此溶液在常温下可放置1个月；

③90%乙醇；

④磷酸(85%，W/V)。

(2)0～100 $\mu g \cdot mL^{-1}$标准曲线的制作

取6支试管，按表10-2数据配制0～100 $\mu g \cdot mL^{-1}$牛血清白蛋白液各1 mL。加入5 mL考马斯亮蓝G-250试剂，盖塞，反转混合数次，放置2 min后，在595 nm下比色，绘制标准曲线。

表10-2 配制0～100 $\mu g \cdot mL^{-1}$牛血清白蛋白液6支试管加入试剂量

管 号	1	2	3	4	5	6
100 $\mu g \cdot mL^{-1}$牛血清白蛋白(mL)	0	0.2	0.4	0.6	0.8	1.0
蒸馏水(mL)	1.0	0.8	0.6	0.4	0.2	0
蛋白质含量(mg)	0	0.02	0.04	0.06	0.08	0.10

(3)用与标准曲线制作相同的方法测定蛋白质含量。

5. 酶活性测定

反应体积和程序为100 μL样品＋900 μL Z缓冲液＋200 μL ONPG，摇匀，反应5 min，加入500 μL 1 mol·L^{-1} Na_2CO_3溶液终止反应。

总活性＝每毫升酶液活力单位×样品体积

$$=\frac{OD_{420\ nm}}{\text{反应时间(5 min)}\times\text{酶液体积(0.1 mL)}\times 1.1}\times\text{稀释倍数}\times\text{样品体积}$$

酶比活力＝总活性/总蛋白

实验结果记录于表10-3。

表10-3 大肠杆菌中β-半乳糖苷酶的分离纯化实验结果

样品	总体积(mL)	蛋白含量($mg \cdot mL^{-1}$)	总蛋白量(mg)	比活力($\mu mol \cdot min^{-1}\ mg^{-1}$)	总活性*($\mu mol \cdot min^{-1}$)
粗提液					
DEAE合并液					
粗酶液					

* 总活性＝比活力×总蛋白量。

(三)β-半乳糖苷酶的酶促动力学研究

1. 底物浓度对反应速度的影响

(1)按表 10-4 向 9 支离心管中加入试剂。

表 10-4 9 支离心管加入试剂量

试管编号	缓冲液 Z(mL)	底物 1∶10 稀释(mL)	底物未稀释(mL)	酶液(mL)	$OD_{420\ nm}$	反应速度(μmol·min^{-1})
1	1.1	—	—	0.1		
2	1.0	0.1	—	0.1		
3	0.9	0.2	—	0.1		
4	0.7	0.4	—	0.1		
5	0.5	0.6	—	0.1		
6	1.0	—	0.1	0.1		
7	0.9	—	0.2	0.1		
8	0.7	—	0.4	0.1		
9	0.5	—	0.6	0.1		

(2)以 30 s 间隔依次向各离心管加酶,加完第 9 管后停 1 min,然后加 0.5 mL 1 mol·L^{-1} Na_2CO_3 终止反应,以 30 s 间隔终止各管的反应,使各管的反应时间为 5 min。

(3)在 420 nm 处测定吸光值。

(4)用反应速度对底物浓度作图(反应速度为纵坐标)。

(5)计算 K_m 和 v_{max}。

2. 反应速度

(1)在 7 个离心管中,每管加 0.5 mL 1 mol·L^{-1} Na_2CO_3。

(2)在另一大试管中加入:6.3 mL Z 缓冲液,1.4 mL 底物(ONPG)和 0.7 mL 酶液,加酶液后迅速混合,记录加酶时间,立即取 1.2 mL 此混合液加入 1 支含 Na_2CO_3 的离心管中,然后每隔 3 min 取 1.2 mL 混合液加到含 Na_2CO_3 的离心管中以终止反应。认真记录每次取样时间。

(3)用一个只加 1 mL Z 缓冲液、0.2 mL 底物、0.5 mL 1 mol·L^{-1} Na_2CO_3 的离心管作对照。

(4)在 420 nm 处测每管的吸光值。

(5)以提供的消光系数求出产生的 μmol ONP 对时间作图,利用图中线性部分求出反应速度。

3. 酶浓度对反应速度的影响

(1)按表 10-5 向 6 支离心管中加入试剂。

表 10-5 6 支离心管加入试剂量 mL

试管编号	1	2	3	4	5	6
Z 缓冲液	1.0	0.9	0.75	0.5	0.9	0.8
底物	0.2	0.2	0.2	0.2	0.2	0.2
酶 1∶10 稀释液	—	0.1	0.25	0.5	—	—
未稀释的酶	—	—	—	—	0.1	0.2

(2)以 30 s 的间隔依次向各离心管中加酶,5 min 后向 1 号管中加入 0.5 mL 1 mol · L^{-1} Na_2CO_3 终止反应,以 30 s 的间隔终止其余离心管,以使各管反应的时间一致。

(3)在 420 nm 波长下测每管的吸光值。

(4)以每分钟产生的 μmol ONP 对蛋白毫克量作图,计算出比活力。并在同一图中用比活力对蛋白量作图。

(四)注意事项

(1)利用分光光度法测定物质浓度时应注意消除系统误差,设置好对照。

(2)酶的分离纯化和动力学测定过程中应注意低温操作、以防酶失活。

(3)整个实验由多组协作完成,各组应仔细实验,确保实验结果准确可靠。

(4)实验数据多,应及时处理总结。

五、问题及讨论

(1)分析实验结果,说明影响实验结果的主要因素有哪些?

(2)结合实验结果,查阅文献并说明葡萄糖影响β-半乳糖苷酶表达的分子机理。

参考文献

[1] Cristina M. V., Alejandra C. C., Nieves C., *et al*. Optimization of conditions for galactooligosaccharide synthesis during lactose hydrolysis by β-galactosidase from

Kluyveromyces lactis (Lactozym 3 000 L HP G). Food Chemistry. 2008(107): 258-264.

[2] Shuman H. A., Silhavy T. J. The art and design of genetic screens: *Escherichia coli*, Nat. Rev. Genet. 2003(4):419-431.

[3] 陈三凤,刘德虎.现代微生物遗传学.北京:化学工业出版社,2003.

实验十一　茶树菇凝集素的纯化

一、实验目的

学习并掌握蛋白质分离纯化的基本原理及实验方法。

二、实验原理

凝集素(lectin)一般定义为能够凝集细胞或沉降复合糖质，非免疫起源的蛋白质或糖蛋白，很少具有酶活性。目前从植物、动物、微生物等材料中，已经分离纯化了100多种凝集素。凝集素能够特异地与单糖、寡聚糖、糖蛋白和各种复合糖质以非共价键结合。

绝大多数纯化的凝集素包含共价结合糖，某些凝集素分子如Con A中含金属离子如Mn^{2+}、Ca^{2+}等，许多凝集素由亚基组成，各种凝集素所含的亚基数不同。

凝集素与互补的多糖、糖蛋白或糖脂形成沉淀，能使细胞凝集，均表明它的每一个分子必须具有至少两个结合糖的位点。凝集素与糖配基的结合，如同酶和底物的结合一样，存在一种像嵌合的结构互补关系，糖基与凝集素的特定位点互补成锁钥关系。凝集素可以3种方式介导同种细胞或异种细胞凝集：①细胞表面凝集素与另一细胞表面的糖基结合；②可溶性凝集素作为“桥”连接两个细胞质膜上的糖成分；③细胞表面凝集素能够通过胞外的可溶性蛋白作中介来识别其他细胞。

凝集素通过与细胞表面的糖分子受体连接来凝集细胞，大部分凝集素的活性被与它互补的单糖或寡糖所抑制。研究凝集素结合糖特异性的基本方法是“半抗原”抑制法，即采用单糖或双糖等糖链的组成成分来确定简单或复杂多糖的抑制效果。

植物凝集素可识别并结合入侵者的糖结构域，从而干扰该入侵者对植物产生的可能影响。许多植物凝集素可结合到诸如葡萄糖、甘露糖或半乳糖等单糖上，尤其对植物中不常见的外来的寡糖具有更高的亲和性。凝集素可与真菌表面的葡聚糖、半乳糖、甘露糖及其构成的多糖结合，干扰真菌细胞壁的合成，影响其细胞的正常代谢。由于细菌细胞壁的作用，凝集素不能进入细菌细胞质，因此不能改变细胞膜结构或渗透细胞膜扰乱入侵微生物的正常进程。但凝集素可通过选择性识别对细菌产生作用，凝集素能使无毒株系固定在植物胞壁上，而毒性株系不能被凝集素识别，避免被吸附到胞壁上，因而不能够在植物体上繁殖、扩展。在土壤中，种子迅速释放凝集素，阻止细菌向萌发种子的趋化性运动，由此可以避免有害细菌对种子根的侵染。植物病毒不含聚糖，没有凝集素的作用位点，因此植物凝集素对植物病毒无抑制作用。但有杀虫活性的凝集素，可能会阻止或减少虫传播病毒病害的传播。动物凝集素能防御病原体入侵；识别体液中或细胞表面的糖配体并与之结合，对细胞产生信号作用；调节细胞-细胞、细胞-基质间的反应。

凝集素在农业上可应用于抗虫基因工程，为抗虫育种提供新的途径。识别根瘤菌的因子是豆科植物根上的凝集素。目前，固氮工程尝试将豆科植物的凝集素基因转化到非豆科植物，再接种豆科植物的根瘤菌，使该非豆科植物被侵染和结瘤。凝集素可凝集各种细菌，活化淋巴细胞及沉降复合糖质等，可以作为生化及临床试剂被广泛应用。利用固定化凝集素亲和层析技术，分离纯化带有特定糖基的糖蛋白和细胞，可以不破坏其活性，获得很高的得率，同时能够分离糖基结构差别很小的糖蛋白。

凝集素作为抗肿瘤药物，越来越受到人们的关注。它与传统的放疗、化疗及化学合成类药物相比，具有明显的优势。凝集素通过免疫调节作用提高机体免疫力而杀伤肿瘤，对宿主细胞的毒副作用低。凝集素也可以利用其对细胞的毒性作用，直接抑制和杀死肿瘤细胞。

真菌凝集素存在于真菌的菌盖、菌柄、菌核和菌丝体中，且凝集素的含量随部位、子实体生长的时间及收获时间不同而有变化，如成熟的漆蜡蘑（*Laccaria laccata*）菌丝提取物中比未成熟的含有更多的凝集素。在大型真菌中，凝集素很可能在休眠、生长和形态发生，寄生感染后的形态改变及在菌根化早期阶段分子识别过程中行使功能。大型真菌凝集素也已经应用于分类学、胚胎学、细菌学研究，癌症形成和膜复合糖质的修饰，细胞分化、突变肿瘤细胞鉴别及膜和血清复合糖质的分离。

凝集素作为一种蛋白质，可以利用纯化蛋白质的生物化学方法来纯化。凝集素能够用几种方法从植物、动物和微生物材料中分离得到，主要包括离子交换层析、分子排阻层析、亲和层析、FPLC、HPLC 等。

在离子交换层析中，凝集素分子主要靠与固定相（层析介质）的可解离电离基团进行交换，吸附于固定相上，再以改变流动相的 pH 值或流动相的盐浓度（线性或分段），将各组分分别洗脱下来，将混合物中各组分分开，达到纯化的目的。蛋白质的荷电状态可以通过改变蛋白质缓冲液的 pH 值，使蛋白质的荷电性质及荷电量进行调整，从而使蛋白质与离子交换层析介质的结合力发生变化，最终为调整层析条件，提高层析效果提供基础。层析介质如 DEAE-纤维素、羧甲基-纤维素、羧甲基-葡聚糖、DEAE-葡聚糖、SP-葡聚糖和 DEAE-琼脂糖等，都已经被成功应用。

分子排阻层析，利用不同层析介质的颗粒大小及其颗粒内部孔径的大小差别，以及样品各组分分子质量大小的不同，使得不同的蛋白质在层析介质中行走的路径长短不同，洗脱下来的时间也就产生了差异，将被分离物质按分子质量大小分开（分子质量大的先被洗脱下来），达到分离纯化凝集素的目的。常用的层析介质有交联葡聚糖凝胶、琼脂糖凝胶等。实验过程中，一般根据所纯化的蛋白质的分子质量大小，选用不同型号的层析介质，从而达到更好的分离效果。

亲和层析是纯化凝集素最有效的办法，亲和层析的应用主要基于凝集素具有特定及可逆地结合糖的能力。用于纯化凝集素的亲和层析介质的不同配体是根据凝集素对糖的特异性来选择的，可通过单糖或寡糖进行凝集素活性抑制分析来确定。对于不同的蛋白质纯化，按照蛋白质特异性结合的基团（化学物质）不同，将该蛋白质特异性结合的配基连接在基质上，再以含相应的特异性基团（化学物质）的洗脱液进行洗脱，就能得到较纯的蛋白质，提高纯化效率。

FPLC(Fast Protein Liquid Chromatograph)和 HPLC (High Pressure Liquid Chromatograph)是目前能够快速纯化凝集素的重要技术手段，可以结合离子交换层析、疏水层析、分子排阻层析以及亲和层析等技术，从而获得高纯度的凝集素，提高纯化的效率。但一般运用该类仪器以前，蛋白质样品需经过一定的纯化步骤以后，才能够更好地进行纯化。

本实验将从茶树菇中提取凝集素，先采用硫酸铵沉淀进行粗提，再采用阴离子交换层析（分段洗脱）、阳离子交换层析（线性洗脱）进行进一步的纯化，最后用 FPLC superdex 75 分子筛层析对凝集素进行纯化和分子质量测定。

三、实验材料

1. 样品

Agrocybe cylindracea 茶树菇

2. 试剂

(1)pH 7.2 磷酸盐缓冲液（1 000 mL 0.2 mol・L^{-1}母液）；

(2)pH 7.5 磷酸盐缓冲液（1 000 mL 0.2 mol・L^{-1}母液）；

(3)pH 5.4 NH_4Ac-HAc 缓冲液（1 000 mL 0.2 mol・L^{-1}母液）；

(4)DEAE-纤维素、CM-纤维素、Superdex G-75；

(5)SDS-聚丙烯酰胺凝胶电泳（SDS-PAGE）样品缓冲液（sample buffer）；

该缓冲液按表 11-1 配制。

表 11-1 缓冲液的配制 mL

去离子水	3.8
0.5 mol·L^{-1} Tris-HCl(pH 6.8)	1.0
甘油	0.8
10% SDS	1.6
2-巯基乙醇	0.4
1%溴酚蓝	0.4
总体积	8.0

(6)5×Tris-甘氨酸电泳缓冲液,pH 8.3

去离子水	600 mL
Tris base	9 g
甘氨酸	43.2 g
SDS	3 g

储存于 4℃备用。

(7)考马斯亮蓝染色液

0.1% 考马斯亮蓝 R-250,40%甲醇,10%乙酸。

(8)固定液

40% 甲醇,10% 乙酸。

(9)标准蛋白质相对分子质量

标准蛋白质相对分子质量见表 11-2。

表 11-2 标准蛋白质相对分子质量

标准蛋白质	相对分子质量
磷酸化酶 b(Phosphorylase b)	94 000
牛血清白蛋白(Bovine serum albumin)	67 000
卵清蛋白(Ovalbumin)	43 000
碳酸酐酶(Carbonic anhydrase)	30 000
大豆胰岛素抑制剂(Soybean trypsin inhibitor)	20 000
乳白蛋白 (α-Lactalbumin)	14 400

(10)糖

菊糖、蜜二糖、*D*-果糖、*L*-阿拉伯糖、*L*-鼠李糖、*D*-木糖、*L*-山梨糖、肌醇、乳糖、*D*-山梨糖、*D*-阿拉伯糖、肌糖、纤维二糖、葡萄糖、*D*-甘露糖、棉子糖、松二糖、*D*-半乳糖胺、*N*-乙酰神经氨酸、*α*-甲酰-*D*-吡喃葡萄糖、*α*-甲酰-*D*-吡喃半乳糖。

(11)无机盐(阳离子)

$CaCl_2$、$MgCl_2$、$ZnCl_2$、$MnCl_2$、$FeCl_3$、$AlCl_3$。

3. 主要仪器

蠕动泵、组织捣碎机、冷冻高速离心机、超滤装置、紫外可见分光光度计、梯度混合仪、部分收集器、快速蛋白质液相色谱系统(FPLC)、蛋白电泳装置、冷冻干燥机。

四、实验步骤

1. 2%兔血红细胞悬液的制备

兔耳静脉取血 3 mL,悬浮在 0.15 mol·L^{-1} NaCl 中,2 500 r/min 离心 5 min,再以 0.15 mol·L^{-1} NaCl 洗涤 3 次,调整血红细胞悬液的 A_{540nm} 等于 1,4℃下保存备用。

2. 凝集素活性的测定方法

取茶树菇鲜子实体 10 g,加 10 mL 0.15 mol·L^{-1} NaCl,用组织捣碎机粉碎,4℃抽提 2 h,4 000 r/min 离心 10 min,取上清液,吸 50 μL 上清液于 96 孔 U 形血凝板 1 号孔,用 0.15 mol·L^{-1} NaCl 将 1 号孔中上清液做系列 2 倍稀释,加入 50 μL 2%血细胞悬液,室温静置 1 h 后观察结果。

3. 凝集素的纯化

(1)凝集素粗样品的制备

将 100 g 茶树菇鲜子实体以组织捣碎机粉碎,加入 2 000 mL 0.15 mol·L^{-1} NaCl 溶液,置于 4℃冰箱内过夜抽提。组织匀浆液以 8 000 r/min 转速离心 20 min,收取上清液。上清液用 30%～80%硫酸铵进行分级沉淀,再以 10 000 r/min 转速离心 10 min,收集沉淀。沉淀先用去离子水透析 1 次,再用 10 mmol·L^{-1}磷酸盐缓冲液(pH 7.5)透析 3 次,每次 3 h。这样就可以得到粗样品,准备上 DEAE-纤维素阴离子交换柱层析。

(2)DEAE-纤维素阴离子交换柱层析

将预先处理好的 DEAE-纤维素装柱,用 10 mmol·L^{-1}磷酸盐缓冲液(pH 7.5)平衡层析柱,然后将上一步的粗样品上柱,再依次以 10 mmol·L^{-1}磷酸盐缓冲液(pH 7.5)、10 mmol·L^{-1}磷酸盐缓冲液(pH 7.5)+50 mmol·L^{-1} NaCl、

10 mmol·L^{-1}磷酸盐缓冲液(pH 7.5)+150 mmol·L^{-1} NaCl、10 mmol·L^{-1}磷酸盐缓冲液(pH 7.5)+1 mol·L^{-1} NaCl 进行分段洗脱,流速 1.5 mL·min^{-1}。用部分收集器收集洗脱液,每管 3 mL,测定各管洗脱液的 $A_{280\ nm}$,同时测定各分段洗脱部分洗脱液的凝集活性。合并有凝集活性的洗脱液,超滤浓缩脱盐(超滤膜截留分子质量 3 kDa,氮气操作压 0.3 MPa)。将脱盐后的样品用 10 mmol·L^{-1} NH_4Ac-HAc 缓冲液(pH 5.4)溶出,得初步纯化的浓缩液。

(3)CM-纤维素阳离子交换柱层析

将预先处理好的 CM-纤维素装柱,用 10 mmol·L^{-1} NH_4Ac-HAc 缓冲液(pH 5.4)平衡,然后将初步纯化的浓缩液上柱。层析柱开始以 10 mmol·L^{-1} NH_4Ac-HAc 缓冲液(pH 5.4)洗脱,再以 10 mmol·L^{-1} NH_4Ac-HAc 缓冲液(pH 5.4)+1 mol·L^{-1} NaCl 进行线性梯度洗脱,流速控制在 0.6 mL min^{-1}。用部分收集器收集洗脱液,每管 3 mL,测定各管洗脱液的 $A_{280\ nm}$,测定各分段洗脱部分洗脱液的凝集活性。合并有凝集活性的洗脱液,超滤浓缩(超滤膜截留分子质量 3 kDa,氮气操作压 0.3 MPa)。将脱盐后的样品用 10 mmol·L^{-1}磷酸盐缓冲液(pH 7.5)溶出,得到进一步纯化的样品浓缩液。

(4)FPLC Superdex 75 分子凝胶过滤层析

用 10 mmol·L^{-1}磷酸盐缓冲液 (pH 7.5)平衡 Superdex 75 分子凝胶过滤层析柱,将上一步得到的样品上样,以 10 mmol·L^{-1}磷酸盐缓冲液(pH 7.5)洗脱,流速 1 mL min^{-1}。收集洗脱液,每管 1.5 mL,测定各管洗脱液的 $A_{280\ nm}$,测定各洗脱峰的凝集活性,合并有凝集活性的洗脱液。超滤浓缩脱盐(超滤膜截留分子质量 3 kDa,氮气操作压 0.3 MPa),电泳检测蛋白质的纯度,样品置于−20℃保存。

(5)凝集素的 SDS-PAGE 纯度检测

①浓缩胶的组成及配比

4.0% 0.125 mol·L^{-1} Tris(pH 6.8)浓缩胶按表 11-3 配制。

表 11-3 浓缩胶的组成及配比

去离子水	6.1 mL
0.5 mol·L^{-1} Tris-HCl(pH 6.8)	2.5 mL
10% SDS	100 μL
丙烯酰胺/甲叉双丙烯酰胺	1.33 mL
10% 过硫酸铵(新配制)	50 μL
TEMED	10 μL
总体积	10 mL

②分离胶的组成及配比

12% 0.375 mol·L^{-1} Tris(pH 8.8)的分离胶按表 11-4 配制。

表 11-4　分离胶的组成及配比

去离子水	3.35 mL
1.5 mol·L^{-1} Tris-HCl(pH 8.8)	2.5 mL
10% SDS	100 μL
丙烯酰胺/甲叉双丙烯酰胺	1.33 mL
10%过硫酸铵(新配制)	50 μL
TEMED	10 μL
总体积	10 mL

③凝集素电泳方法

取 5 μL 凝集素溶液用样品缓冲液以 1∶4 比例稀释，95℃加热 4 min，加样，电泳检测，电泳条件：100 V/h。

电泳完毕，先用固定液固定 1 h，弃掉固定液，加入考马斯亮蓝 G-250 染色液染色 0.5 h，脱色液脱色 1～3 h 至本底无色(中间更换几次脱色液)，用凝胶成像仪记录电泳结果。对比蛋白分子质量标准进行凝集素分子质量的计算。

4. 凝集素生物化学性质的检测

(1)糖抑制试验

凝集素的特异性结合定义为能够抑制其凝集活性的单糖或寡糖。

将供试糖配制成 400 mmol·L^{-1}的母液，加 50 μL 于 96 孔血凝板 1 号孔，2～9 号孔加入 25 μL PBS，将糖做系列 2 倍稀释，第 10 号孔以 PBS 为对照。在每孔中加入 25 μL 的凝集素溶液(凝集活性为 16 units)，糖的反应浓度分别为 200、100、50、25、12.5、6.25、3.12、1.56、0.78 mmol·L^{-1}，室温下反应 30 min 后，加入 50 μL 2%兔血细胞悬液，1 h 后观察实验结果。计算完全抑制样品凝集活性的最小糖浓度。

(2)pH 值的影响

分别配制 0.2、0.1、0.05、0.025 mol·L^{-1}的 HCl 和 NaOH 溶液，加 25 μL 于 96 孔血凝板 1 号孔，每孔中加入 25 μL 的凝集素溶液(凝集活性为 64 units)，HCl 和 NaOH 的反应浓度分别为 0.1、0.05、0.025 和 0.012 5 mol·L^{-1}，室温下处理 1 h 后，以等量酸或碱中和并加入 25 μL PBS，2～9 号孔加入 50 μL PBS 对凝集素样品进行系列 2 倍稀释，第 10 号孔为 PBS 对照。加入 50 μL 2%兔血细胞悬液，1

h 后观察实验结果。

(3)阳离子的影响

将凝集素样品对 10 mmol·L^{-1} EDTA 透析，去除阳离子的影响。测定透析后样品的凝集活性。将 50 μL 凝集素分别用 50 μL 20、10、5、2.5 mmol·L^{-1} 的 $CaCl_2$、$MgCl_2$、$ZnCl_2$、$MnCl_2$、$FeCl_3$、$AlCl_3$ 处理 2 h。系列 2 倍稀释后，加入 50 μL 2%兔血细胞悬液，1 h 后观察实验结果。

(4)热稳定性

将凝集素样品分别在 10、20、30、40、50、60、70、80、90 和 100℃水浴中处理 30 min。测定处理后凝集素样品的凝集活性。

五、问题及讨论

(1)请设计一个来源于微生物的天然抗菌蛋白的纯化程序。

(2)离子交换层析中，分段洗脱与线形洗脱相比有什么优缺点？

(3)凝胶过滤层析测定的蛋白质分子质量和 SDS-PAGE 测定的蛋白质分子质量之间有什么关系？

参考文献

[1] Han C. H., Liu Q. H., Ng T. B., *et al*. A novel homodimeric lactose-binding lectin from the edible split gill medicinal mushroom Schizophyllum commune. Biochemical and Biophysical Research Communications. 2005 (336):252-257.

[2] Liu Q. H., Wang H. X., Ng T. B. First report of a xylose-specific lectin with potent hemagglutinating, antiproliferative and anti-mitogenic activities from a wild ascomycete mushroom. Biochimica et Biophysica Acta. 2006 (1760):1914-1919.

[3] Liu Q. H., Wang H. X., Ng T. B. Isolation and characterization of a novel lectin from the wild mushroom *Xerocomus spadiceus*. Peptides. 2004(25):7-10.

[4] Wang H. X., Ng T. B., Liu Q. H. Isolation of a new heterodimeric lectin with mitogenic activity from fruiting bodies of the mushroom *Agrocybe cylindracea*. Life Sciences. 2002(70):877-885.

实验十二　聚羟基烷酸的发酵和提取

一、实验目的

本实验通过发酵法生产聚羟基烷酸，并对产物进行后提取和组分分析，在学习重组细菌发酵的基础知识的同时，也对生物塑料有一个初步了解。

二、实验原理

聚羟基(链)烷酸(酯)(PHA)是一类长链状聚酯类大分子化合物，它们可以是同聚物也可以是共聚物，其单体为含有 3～16 个碳原子并带有羟基的羧酸。在自然界中，PHA 是原核生物细胞内碳源和能源的贮藏颗粒。当环境中碳源丰富而其他营养成分相对匮乏时，许多细菌都能积累大量的 PHA，其中以 3-羟基丁酸(3-HB 或 β-HB)的同聚物——聚-β-羟基丁酸(酯)[PHB 或称 P(3HB)]最为常见。

在有关 PHA 产生菌的研究中，以对富养罗尔斯通氏菌(*Ralstonia eutropha*，以前称真养产碱杆菌 *Alcaligenes eutrophus*，现有人建议改为 *Wautersia eutropha*)的研究最为深入。该菌合成 PHB 的途径由 3 步反应构成(图 12-1)，催化这 3 个反应的酶依次为 β-酮硫解酶(PhbA)、乙酰乙酰辅酶 A(CoA)还原酶(PhbB)、PHB 聚合酶(PhbC)。它们的基因在染色体上形成一个操纵元(*phbCAB* operon)(图 12-2)。

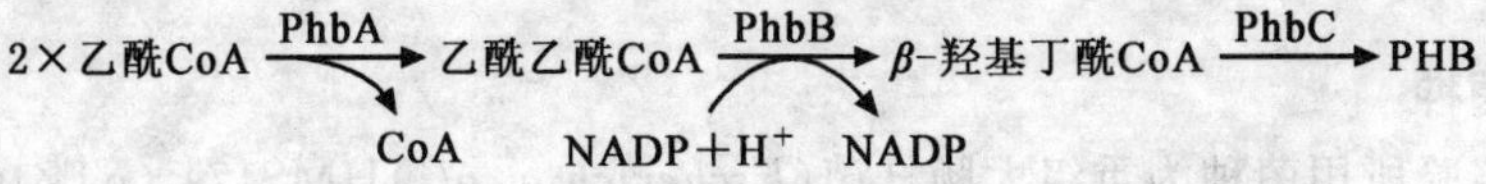

图 12-1　*Ralstonia eutropha* 中 PHB 的合成途径

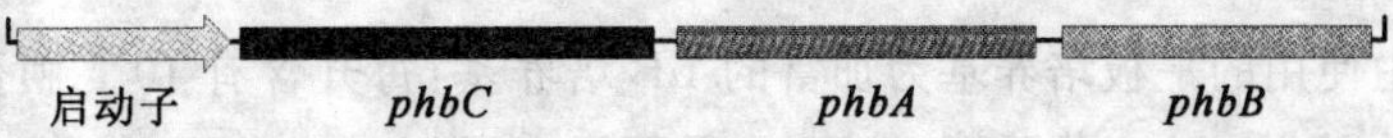

图 12-2　*Ralstonia eutropha* 的 *phbCAB* 操纵元示意图

1962 年 Baptist 首先提出 PHA 具有热可塑性，是一种可塑性材料。与化工合成的传统塑料相比，PHA 具有诸多优良特性，如在自然环境中可被彻底降解、具有良好的生物相容性、压电效应、对紫外辐射有一定抗性、气体分子不易通过等，因而在环境保护、医用材料、食品包装等方面预计会有广阔的应用前景。此外，PHA 的生产采用的原料是可再生的物质，如碳水化合物等，为石油资源枯竭后的塑料生产提供了一条新的途径。

由于国际石油价格连年上涨，1976 年英国帝国化学工业公司(ICI)开始了用 *R. eutropha* 发酵生产 PHB 的研究，以期能部分代替合成塑料。此后，虽然国际油价回落，但 PHB 塑料的特点却吸引了更多的科学家，许多国家(包括我国在内)也相继投入了大量的人力、物力进行 PHB 塑料的研制和开发工作。由于纯的 PHB 质地硬且脆，加工困难，人们又在 *R. eutropha* 的培养基中加入丙酸或戊酸等前体物质，合成出了 3-羟基丁酸(3HB)与 3-羟基戊酸(3HV)的共聚物[P(3HB-co-3HV)]，该共聚物容易加工，且随着 3HV 在共聚物中比例的不同，可形成多种物理性能的一系列产物，大大拓宽了 PHA 的应用范围。

目前，有关 PHA 的研究主要集中在降低生产成本、合成新型的 PHA 和开发 PHA 的用途等方面。其中降低成本的途径又可分为 4 种，即改造高产菌株、构建重组菌株、构建转基因植物以及利用廉价碳源。

本实验采用发酵法生产 PHB 和 P(3HB-co-3HV)，以一株重组大肠杆菌为生产菌种，用国际上普遍采用的毛细管柱气相色谱法测定 PHB 在菌体中的含量，用经典的有机溶剂法提纯产物。在实验中，设计了不同发酵条件，可以从中观察到溶氧、培养基种类及前体物质等对菌体内 PHA 合成量及组分的影响，从而对 PHA 的研究和生产方法有一个初步的了解。

三、实验材料和方法

1. 菌种

本实验所用菌种为重组大肠杆菌(*Escherichia coli*)HMS174 (pTZ101)，该菌中的重组质粒 pTZ101 上含有 *R. eutropha* 的 *phbCAB* 操纵元。

2. 培养基及试剂

(1)培养基

实验中使用的平板培养基为加富的 LB 培养基：每升含有 10 g 胰蛋白胨、5 g 酵母粉、5 g NaCl、10 g 葡萄糖、100 mg 氨苄青霉素(Amp)、15 g 琼脂，pH 7.5；种子培养基除不含琼脂外，其余成分与平板培养基相同，每 50 mL 培养液分装于 1 个 300 mL 的三角摇瓶中。

发酵培养基分为两种：其一也是加富的LB培养基，每升含40 g葡萄糖，其余成分与种子培养基相同；其二是一种合成培养基，每升含40 g葡萄糖、6.7 g $Na_2HPO_4 \cdot 12H_2O$、1.5 g KH_2PO_4、2.0 g $(NH_4)_2SO_4$、0.2 g $MgSO_4 \cdot 7H_2O$、60 mg柠檬酸铁铵、10 mg $CaCl_2 \cdot 2H_2O$、1 mL微量元素液、100 mg氨苄青霉素，pH 7.2。其中每升微量元素液含0.3 g H_3BO_3、0.2 g $CoCl_2 \cdot 6H_2O$、30 mg $MnCl_2 \cdot 4H_2O$、30 mg $NaMoO_4 \cdot 2H_2O$、20 mg $NiCl_2 \cdot 6H_2O$、10 mg $CuSO_4 \cdot 5H_2O$。

配制发酵培养基时，由于需要预留出接种的体积，每升培养液的全部成分实际上只溶解于900 mL水中。发酵培养基配好后，每90 mL培养液分装于一个500 mL的三角摇瓶中。所有培养基中的葡萄糖、磷酸盐均需单独灭菌，氨苄青霉素需过滤除菌，用前加入培养基中。

(2)3,5-二硝基水杨酸试剂

3,5-二硝基水杨酸试剂由甲、乙两种溶液混合而成。甲液的配制过程是：将6.9 g重结晶的苯酚溶解于15.2 mL 10%的NaOH溶液中，用水稀释至69 mL，再加入6.9 g Na_2SO_3。乙液的配制过程为：将255 g酒石酸钾钠溶解于300 mL 10% NaOH溶液中，再加入880 mL 1%的3,5-二硝基水杨酸溶液。甲、乙两种溶液混合可得黄色试剂，室温下贮藏于棕色瓶中7～10 d后即可使用。

(3)铵离子浓度测定所用的试剂

本实验采用靛酚蓝比色法测定发酵结束时培养液中NH_4^+-N的含量，该方法需要配制以下3种试剂。

酚溶液：每升含10 g苯酚、100 mg硝普钠(剧毒)[$Na_2Fe(CN)_5NO \cdot 2H_2O$]，此试剂不稳定，需贮存于暗色瓶中并置于4℃冰箱内，用时温热至室温。

次氯酸钠碱性溶液：每升含10 g NaOH、9.42 g $Na_2HPO_4 \cdot 12H_2O$、31.8 g $Na_3PO_4 \cdot 12H_2O$和10 mL 5.25% NaOCl(即含有效氯5%的漂白粉溶液)，保存方法与酚溶液相同。

掩蔽剂：将400 $g \cdot L^{-1}$的酒石酸钾钠($KNaC_4H_4O_6 \cdot 4H_2O$)与100 $g \cdot L^{-1}$的EDTA-Na_2溶液等体积混合，再于每100 mL混合液中加0.5 mL 10 $mol \cdot L^{-1}$ NaOH溶液，即得清亮的掩蔽剂溶液。

(4)苏丹黑染色液

苏丹黑染色液通常用于细胞内脂类物质的染色，系含0.25%苏丹黑B的70%乙醇溶液。

(5)番红染色液

2 g番红O(safranin O)溶解于100 mL蒸馏水中。

(6)PHA酯化所用的溶液

PHA含量与组分的测定多用毛细管柱气相色谱法，需事先将样品中的PHA酯化。酯化所用的溶液包括含15%硫酸的无水甲醇溶液和含0.25 mg·mL^{-1}苯甲酸的氯仿溶液。注意：这两个溶液中不能含水。

3. 实验方法

(1)葡萄糖浓度的测定

将标准糖液或待测样品稀释至1 mg·mL^{-1}以下(本实验中发酵液需稀释50～100倍)。取2 mL稀释糖液与1.5 mL 3,5-二硝基水杨酸试剂混合，装于25 mL刻度试管中，在沸水浴中加热5 min，用冷水冷却至室温。用蒸馏水定容至25 mL，混匀，于520 nm处测量吸光值。以标准糖液的浓度为横坐标，以吸光值为纵坐标绘制标准曲线(表12-1)。待测糖液的浓度可于曲线上查出。

表12-1 葡萄糖测定标准曲线

序号	空白	1	2	3	4	5	6	7	8
含糖总量(mg)	0	0.2	0.4	0.6	0.8	1.0	1.2	1.4	1.6
0.1%葡萄糖标准液(mL)	0	0.2	0.4	0.6	0.8	1.0	1.2	1.4	1.6
蒸馏水(mL)	2.0	1.8	1.6	1.4	1.2	1.0	0.8	0.6	0.4
3,5-二硝基水杨酸试剂(mL)	1.5	1.5	1.5	1.5	1.5	1.5	1.5	1.5	1.5

(2)铵离子浓度的测定

本实验采用靛酚蓝比色法测定发酵结束时培养液中NH_4^+-N的含量。制作标准曲线时，需先配制含50 mg·L^{-1} NH_4^+-N的$(NH_4)_2SO_4$标准溶液[$(NH_4)_2SO_4$需预先烘干]，分别取0 mL、0.5 mL、1 mL、2 mL、3 mL、4 mL、5 mL溶液放入50 mL容量瓶中，补足至30 mL，各加5 mL酚溶液和5 mL次氯酸钠碱性溶液，摇匀。在40℃水浴中保温10 min，再加入1 mL掩蔽剂，并定容至50 mL，最后于625 nm处测定吸光值。

测定发酵液中的NH_4^+-N时，需将样品稀释25～50倍，加1 mL稀释液至容量瓶中，然后按制作标准曲线的步骤操作，最终在标准曲线上查出发酵液中NH_4^+或$(NH_4)_2SO_4$的浓度。

(3)PHB颗粒的染色与观察

PHB染色方法为：①常规涂片，火焰固定；②苏丹黑染色10 min(注意不要让染液干)，然后，用水轻轻冲洗，干燥；③二甲苯脱色，风干；④蕃红复染1 min，水洗，干燥；⑤油镜观察，PHB颗粒为淡红色菌体中的黑色颗粒。

(4)干菌体中 PHA 含量的测定

PHA 含量与组分的测定多用毛细管柱气相色谱法，该法可分为酯化和测定两步。由于步骤较多，为消除误差，系统中加入苯甲酸作为内标。

①酯化。PHA 是高聚物，用气谱测定时需先将其在硫酸作用下水解成单体，再与甲醇形成相应的甲酯，这样才容易被气化。

称取 20～50 mg 的干菌体样品，加 2 mL 含 15％硫酸的无水甲醇溶液和 2 mL 含 0.25 $mg \cdot mL^{-1}$ 苯甲酸的氯仿溶液，然后于 90℃ 回馏 3 h(切忌系统中进水)。加 2 mL 蒸馏水，用振荡器充分混匀，静置待其分层(若分层不理想，可于室温 4 000 r/min 离心 10 min)，取出下层有机相，加几粒无水硫酸钠颗粒脱水，将有机相转入另一容器(勿将硫酸钠带入)。

标准 PHA 样品亦做相同处理。

②测定。本实验所用色谱仪为惠普(HP)6890 型气相色谱仪，色谱柱为 HP-5 (Crosslink 5％ PH ME Siloxane)型毛细管柱(27 m)，载气为高纯度的氮气，检测器为氢离子火焰检测器(FID)。

测定步骤为：

- 打开载气(氮气)、空气、氢气；
- 打开气相色谱仪，使之完成自检；
- 打开计算机，启动化学工作站联机程序；
- 调用名称为"TIAN"的方法；
- 待计算机左上角屏幕出现"Ready"时，于前进样口进样(进样量为 0.5～1.0 μL)，进样后立即按一下色谱仪主机上的"Start"键。
- 测定过程采用程序升温法(程序中已经设定好)：初温为 60℃，保持 2 min，然后以每分钟 8℃的速度升温至 180℃，并保持 5 min。与此同时，计算机屏幕上会显示出不同组分的峰，溶剂(两个峰)、3HB、3HV、苯甲酸的保留时间分别为：1.6 min、1.9 min、3.9 min、5.0 min、8.2 min。由于每次操作不同可能会引起一定的差异，请注意内标的位置。
- 测定结束后，计算机会自动显示各组分的保留时间、峰面积等信息，记录相关信息。代入以下公式，便可计算出 3HB、3HV 在干细胞中的重量百分含量。

$$3HB\ (或\ 3HV) = \frac{A_s}{A_0} \times \frac{W_0 \times \alpha}{W_s} \times \frac{A_{b0}}{A_{bs}} \times 100\%$$

式中：A_0 为标准品中 3HB 或 3HV 的峰面积；

A_s 为样品 3HB 或 3HV 的峰面积；

W_0 为所称标准品的重量(mg)；

α 为标准品中 3HB 或 3HV 的含量；

W_s 为所称干菌体样品的重量(mg)；

A_{b0} 为标准品中苯甲酸的峰面积；

A_{bs} 为样品中苯甲酸的峰面积。

4. 主要仪器

超净工作台，摇床，恒温水浴，回馏装置，气相色谱，分析天平，抽滤装置，离心机。

四、实验步骤

本实验共分 5 个组，每组前两步相同，从第三步起分组进行。

1. 活化菌种

将冷冻保存的甘油菌种在含 Amp 和葡萄糖的 LB 平板上划线两次，37℃ 培养 24 h。

2. 接种摇瓶种子

每组各选取一个直径为 1 mm 的菌落，镜检后，接 1 瓶种子摇瓶，于 37℃ 进行摇床培养，摇床转速为 350 r/min，并监测发酵液的 $OD_{600\ nm}$ 值。这个过程需 7～9 h。请注意：在 $OD_{600\ nm}>1.0$ 时，需先将菌液稀释至 1.0 以下，再测定吸光值或涂片观察。

3. 接种发酵摇瓶

种子瓶 $OD_{600\ nm}>1.0$ 时(用测定剩余稀释菌液涂片)，每组接种 3 瓶发酵摇瓶，接种量为每瓶 10 mL。

第一、二、三组：发酵培养基是含 4% 葡萄糖的 LB 培养基，其中第一组摇床转速为 150 r/min，第二组摇床转速为 250 r/min，第三组摇床转速为 350 r/min。发酵过程中监测发酵液的 $OD_{600\ nm}$ 值，至 $OD_{600\ nm}$ 不再增加时终止培养，时间为 16～24 h。

第四组：发酵培养基是合成培养基(见“材料和方法”)，其他条件、要求与第三组相同。

第五组：发酵培养基是合成培养基，还含有 4 mmol · L^{-1} 的丙酸，其他条件、要求与第三组相同。

4. 收获菌体制备干菌体

摇瓶发酵结束时，测定发酵液的 pH 值、波长为 600 nm 处的吸光值、残糖和铵的浓度，并用测定 $OD_{600\ nm}$ 时剩余的稀释菌液涂片。

同时，离心收获菌体（室温，4 000 r/min，20 min）。然后弃去上清，并用 40 mL 蒸馏水将菌体重悬后，合并到 1 个离心管内，再次离心（室温，4 000 r/min，20 min），并弃去上清。

加 10～20 mL 丙酮，重悬菌体，并离心（室温，4 000 r/min，10 min），并将上清液（含水丙酮）暂时贮存于一空试剂瓶中，以备日后回收（如干燥效果不好，可用 10 mL 丙酮再洗一次菌体）。将菌体于 60～80℃烘干（需 14～20 h，如效果不好，可将菌体捣碎，置培养皿中，开盖，继续烘烤）。烘干后的菌体用研钵研成干粉，以备测定和提取。

5. 测定干菌体中 PHA 的含量

称取约 30 mg 干菌体和约 20 mg 标准品，记录准确的数值，分别按"材料和方法"中的步骤进行酯化，取 0.5～1 μL 有机相，用气相色谱进行测定，并按公式计算出 3HB 和 3HV 在干菌体中的含量。

6. PHA 的提取

称取 0.5 g 菌体干粉，倒入回馏装置的烧瓶中，加入 50～60 mL 氯仿，于 70℃回馏 3 h（系统中切忌进水），趁热抽滤。

所得氯仿溶液与预冷的 5～6 倍体积正己烷混合，PHA 即会从氯仿溶液中析出。再次抽滤，所得 PHA 用少量乙醚洗涤（乙醚的量以恰好没过 PHA 为宜），干燥后即得纯的 PHA（记录其重量）。氯仿与正己烷的混合液亦可暂贮于棕色瓶中以备将来回收。

五、问题与讨论

(1)绘制发酵摇瓶的生长曲线。

(2)测定干菌体中 PHA 的组分和百分含量。

(3)计算 PHA 的提取率。

(4)试比较实验中几种培养方法所得到的结果，并加以分析。

(5)请简要评价采用本方法制备 PHA 的关键步骤。

参考文献

[1] Braunegg G., Sonnleitner B., Lafferty R. M. A rapid gas chromatographic method for the determination of poly-β-hydroxybutyric acid in microbial biomass. Eur. J. Appl. Microbiol. Biotechnol. 1978(6):29-37.

[2] Burdon K. L. Fatty acid material in bacteria and fungi revealed by staining dried, fixed slide preparations. J. Bacteriol. 1946(52):665-678.

[3] Foster L. J. R. Biosynthesis, properties and potential of natural-synthetic hybrids of polyhydroxyalkanoates and polyethylene glycols. Appl. Microbiol. Biotechnol. 2007(75):1241-1247.

[4] Verlinden R. A. J., Hill D. J., Kenward M. A., *et al*. Bacterial synthesis of biodegradable polyhydroxyalkanoates. J. Appl. Microbiol. 2007(102):1437-1449.

[5] Misra S. K., Valappil S. P., Roy I., *et al*. Polyhydroxyalkanoate (PHA)/Inorganic Phase Composites for Tissue Engineering Applications. Biomacromol. 2006,7(8):2249-2258.

[6] Rehm B. H. A. Genetics and biochemistry of polyhydroxyalkanoate granule self-assembly: The key role of polyester synthases. Biotechnol. Lett. 2006 (28):207-213.

[7] Suriyamongkol P., Weselake R., Narine S., *et al*. Biotechnological approaches for the production of polyhydroxyalkanoates in microorganisms and plants-A review. Biotechnol. Adv. 2007(25):148-175.

[8] Hazer B., Steinbüchel A. Increased diversification of polyhydroxyalkanoates by modification reactions for industrial and medical applications. Appl. Microbiol. Biotechnol. 2007(74):1-12.

实验十三　表达外源蛋白的大肠杆菌工程菌的高密度培养

一、实验目的

掌握发酵罐的使用原理和方法；掌握利用发酵罐进行基因工程大肠杆菌的高密度培养技术及外源蛋白诱导表达技术；了解利用基因工程技术在大肠杆菌中表达外源蛋白的原理。

二、实验原理

随着生物技术特别是重组 DNA 技术在医药工业中的快速发展，越来越多的基因工程产品已问世。其中包括大量的重组蛋白在大肠杆菌中表达，经过高密度发酵、诱导表达，实现了商业化。

(一)外源蛋白在大肠杆菌中高表达的原理

根据中心法则，从基因到蛋白质要经过转录和翻译两个步骤。一个完整的原核基因至少应该包括启动子、SD 序列、结构基因(包括翻译起始密码子和终止密码子)和转录终止子。启动子控制基因表达的第一步，是高表达的关键，但其他环节也同样能影响基因的表达水平，结构基因中如果含有大量的稀有密码子，也可能无法使该基因在大肠杆菌中实现高表达。表达载体的拷贝数同样会影响基因的表达水平。许多表达载体已商业化，常见的表达载体包括 pET 系列、pGEX 系列及 pQE 系列等，下面以 pET 系列的载体加以简单介绍(图 13-1)。

pET 系列的载体是在大肠杆菌中克隆表达重组蛋白的有效系统。目的基因被克隆到 pET 质粒载体上，受噬菌体 T7 强转录、翻译及终止子信号控制，其表达由大肠杆菌细胞提供的 T7RNA 聚合酶启动，在 T7 启动子的下游有一个 lac 操纵子序列，其中包括乳糖操纵子的启动子以及编码 lac 阻遏蛋白(LacI)的序列，由于 T7RNA 聚合酶启动的表达受 IPTG(异丙基硫代半乳糖苷)或乳糖的诱导，因此这一类型的表达载体也必须在 IPTG 或乳糖的诱导下才能高表达外源基因。与之配套的大肠杆菌 BL21 宿主菌是噬菌体 DE3 的溶源菌。pET-28a 载体如图 13-1 所示，该表达载体通常带有 His-tag，使表达的蛋白很容易经过亲和层析得到纯化。

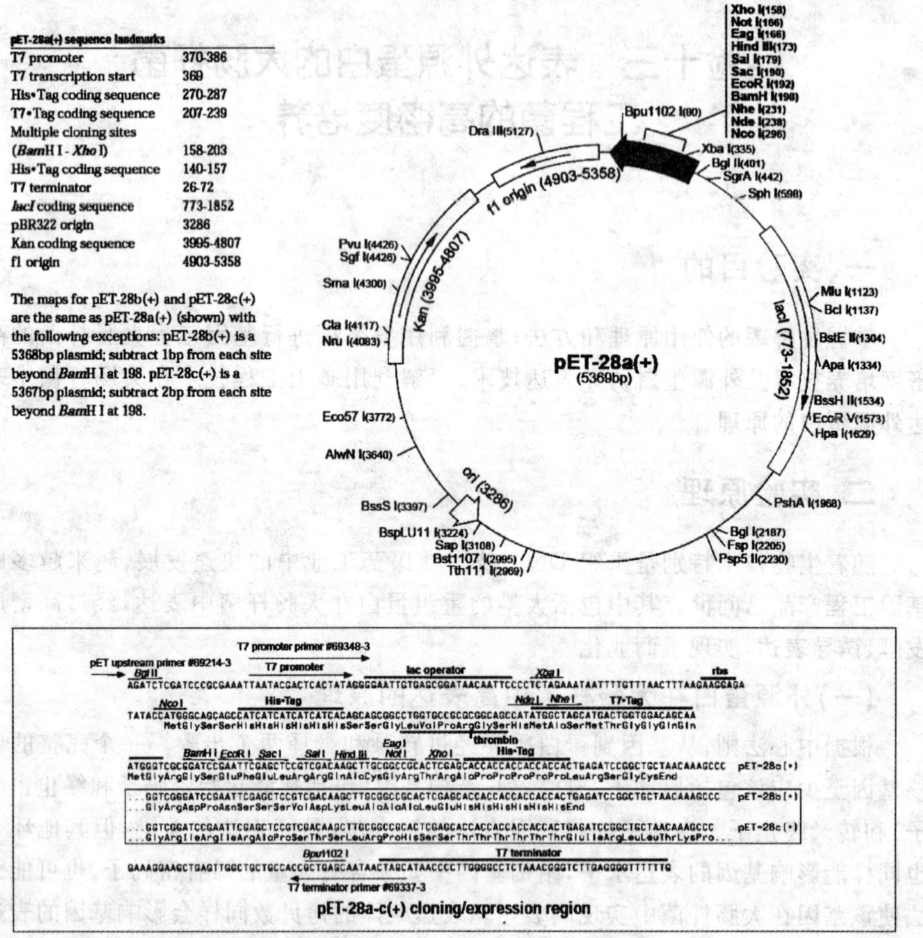

图 13-1 pET-28a 载体图谱

(二)基因工程大肠杆菌的高密度培养及外源蛋白的诱导表达

大肠杆菌表达外源蛋白是研究蛋白功能和生产有商业价值蛋白的有效手段，在表达过程中存在质粒丢失、形成包涵体、蛋白可溶性低及成本高等问题。如何通过改变发酵条件解决这些问题并实现表达菌株的高密度培养，提高表达蛋白的得率，降低成本具有重要的意义。

影响大肠杆菌高密度培养及外源蛋白表达的因素如下。

1. 培养基

培养基的组成既要有利于提高工程菌的生长速率，又要有利于重组质粒的稳定，使外源蛋白高效表达。

不同的碳源对外源蛋白表达及菌体的密度影响较大。大肠杆菌优先利用葡萄糖，大肠杆菌的高密度培养一般以其作为碳源，但以葡萄糖为碳源生长的菌体产生的副产物较多。由于葡萄糖对乳糖启动子有阻遏作用，前期可用葡萄糖作为碳源生长，生长后期等葡萄糖用尽后再用 IPTG 或乳糖诱导外源蛋白表达，这样发酵控制的难度较大，因此，一般利用中性碳源如甘油进行外源蛋白的表达。

氮源一般利用营养丰富的有机氮源，如酵母粉、蛋白胨等。

2. 温度

温度直接影响菌体的生长速率和蛋白的表达速率，如在 37℃条件下，菌体生长速率快，蛋白表达也快，通常表达的蛋白以包涵体的形式存在。降低温度可降低菌体的比生长速率和表达速率，有利于提高表达蛋白的可溶性。

3. 溶解氧

溶解氧是工程菌发酵过程中影响代谢的一个重要参数，对菌体生长和蛋白表达影响很大。外源基因的高效转录和翻译需要大量的能量，表达过程中细胞呼吸作用强，对氧的需求量高，维持较高水平的溶氧，有利于菌体生长和外源蛋白形成。

溶解氧水平与搅拌速度和通气量直接相关，搅拌速度快，通气量大，溶解氧水平高。

4. 诱导时机及诱导剂

诱导时机对菌体生长和蛋白表达至关重要，诱导后细胞大量资源用于蛋白表达，菌体生长速率下降，蛋白开始表达，最终的表达量与菌体密度和表达状况直接相关。

由于 IPTG 不被细胞内诱导出来的半乳糖苷酶分解，能维持恒定的诱导浓度，因此一般认为其诱导效果优于乳糖，但价格贵，且可能导致生产产品中 IPTG 的残留，要对生产产品进行 IPTG 的残留检测。

5. pH 值

pH 值对细胞生长和外源蛋白的高效表达都有影响，所以应该根据工程菌的生长和代谢情况，对 pH 值进行适当调整。如采用两段培养工艺，培养前期应有利于工程菌的快速生长，后期着重于优化外源蛋白的表达条件，细胞生长的最佳 pH 值为 6.8～7.4，外源蛋白表达的最佳 pH 值应根据所表达蛋白的情况而定。如所要的产物为包涵体，可控制 pH 值为 6.8～7.4，让蛋白快速表达；如所要的产物为可溶性蛋白，应通过调整 pH 值以降低菌体生长和表达速度，延长表达时间，增加可溶性蛋白的含量。

(三)发酵罐

本实验中使用的发酵罐为上海保兴生物设备工程有限公司生产的 Biotech-7JG 型离位灭菌 7 L 发酵罐(图 13-2)。罐盖和罐底采用 SUS316L 优质不锈钢,罐体采用耐高温硅硼玻璃,装液系数 70%,上搅拌系统,搅拌转速(50～1 000)r/min ±5 r/min;手动通气控制,流量计显示。进口滤膜过滤空气除菌,滤膜孔径 0.02 μm。温度由夹套水浴电加热自动控制,控制冷却水温度为(5～65)℃±0.2℃;全自动测控泡沫与报警,蠕动泵自动添加消泡剂进行泡沫自动控制;全自动设定蠕动泵开关进行补料控制,自动流加并计量;采用瑞士原装进口梅特勒电极,蠕动泵自动添加酸、碱,精确控制 pH 值,全自动控制范围:(2.00～12.00)±0.05;采用瑞士原装进口梅特勒溶氧电极,与转速、空气流量、补料等关联进行 DO(溶解氧)控制,控制范围(0～150)%±3%,控制精度 0.1%;手动压力控制。

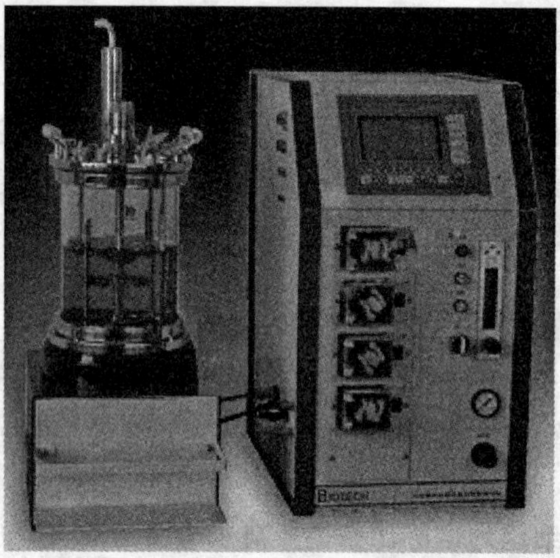

图 13-2 Biotech-7JG 发酵罐图

本实验通过高密度发酵培养大肠杆菌工程菌以表达谷氨酰胺合成酶。

三、实验材料

1. 菌株及质粒

大肠杆菌 BL21, 表达质粒:pET-glnA(谷氨酰胺合成酶表达质粒,分子质量 53 kDa)。

2. 培养基及试剂

(1)2×YT 培养基(1 L)	胰蛋白胨	16 g
	酵母粉	10 g
	NaCl	5 g
	pH 值	7.0
(2)补料培养基(1 L)	胰蛋白胨	140 g
	酵母粉	140 g
	$MgSO_4$	5 g
	甘油	200 g
	pH 值	7.0

(3)乳糖

120 g 乳糖溶于 400 mL 水。

(4)25% HCl

(5)氨水

(6)3，5-二硝基水杨酸(DNS)试剂

称取 3.25 g DNS 溶于少量热蒸馏水中，溶解后移入 500 mL 容量瓶中，加入 2 mol·L^{-1} NaOH 溶液 162.5 mL，再加入 22.5 g 甘油，摇匀，冷却后定容至 500 mL。

(7)乳糖标准溶液

准确称取干燥恒重的乳糖 500 mg，加少量蒸馏水溶解后，以蒸馏水定容至 250 mL，即乳糖浓度为 2.0 mg·mL^{-1}。

3. 主要仪器

可见光分光光度计，振荡器，7 L 发酵罐，水浴摇床，恒温水浴，高速冷动离心机，层析柱。

四、操作步骤

1. 乳糖标准曲线制作

在 NaOH 和甘油(丙三醇)存在下，3，5-二硝基水杨酸(DNS)与还原糖共热后被还原成氨基化合物。在过量的 NaOH 碱性溶液中此化合物呈橘红色，在540 nm 波长处有最大吸收，在一定浓度范围内，还原糖的量与光吸收呈线性关系，利用比色法可测定样品的含糖量。

在表 13-1 中的试管中分别加入 DNS 试剂 2.0 mL，于沸水浴中加热 2 min 进行显色，取出后用流动水迅速冷却，各加入蒸馏水 9.0 mL，摇匀，在 540 nm 波长处

测定光吸收值。以乳糖含量($mg \cdot mL^{-1}$)为横坐标,光吸收值为纵坐标,绘制标准曲线。

表 13-1 乳糖光吸收值

试管编号	乳糖标准液(mL)	纯净水(mL)	乳糖含量($mg \cdot mL^{-1}$)	$OD_{540\ nm}$
0	0	0	0	
1	0	1	0	
2	0.2	0.8	0.4	
3	0.4	0.6	0.8	
4	0.6	0.4	1.2	
5	0.8	0.2	1.6	
6	1	0	2	

测定乳糖浓度时,向 1 mL 样品中加入 2 mL DNS 试剂,于沸水浴中加热 2 min 显色,取出后用流动水迅速冷却,各加入蒸馏水 9.0 mL,摇匀,在 540 nm 波长处测定光吸收值。测定后,取样品的光吸收平均值在标准曲线上查相应的糖含量。

2. 种子液制备

(1)挑取一个表达菌株的菌落,在 2×YT 平板上用平板划线法划线分离,于 37℃培养 18~24 h;

(2)挑取单菌落,接种到 10 mL 含卡那霉素(50 $\mu g \cdot mL^{-1}$)的 2×YT 液体培养基中,于 37℃振荡培养 18 h;

(3)从 10 mL 菌液中取出 5 mL 加入到 50 mL 含卡那霉素的 2×YT 液体培养基的三角瓶中,于 37℃培养 12 h;

(4)从 50 mL 菌液中取出 40 mL 加入到 400 mL 含卡那霉素的 2×YT 液体培养基的三角瓶中,于 37℃培养 6~8 h。

3. 灭菌

将实验材料中的补料培养基(3 L)装入发酵罐中,校正 pH 电极和溶氧电极也安装到发酵罐中,补料培养基及相关物品 121℃灭菌(乳糖 110℃灭菌)。

4. 接种

灭菌完毕后,将发酵罐从灭菌锅中取出,安放到发酵罐底座上,迅速通入空气,保持正压,接通冷却水,待温度降至接近发酵温度时,进行溶解氧 100%校正,设置好发酵参数,无菌操作接种,发酵开始。

5. 发酵过程控制

(1)发酵参数:温度 30℃,pH 7.0，搅拌转速 400 r/min，通气量 5 L·min^{-1}。

(2)补料,发酵 4 h 开始补料,补料速度依据生长情况而定。

(3)每 2 h 测定 $OD_{600\ nm}$。

(4)发酵 8～9 h 加入乳糖开始诱导。

(5)诱导 4～5 h 结束发酵,最终的细胞密度达到(30～40)$OD_{600\ nm}$。

6. 乳糖消耗浓度测定

诱导后每小时取样测定乳糖浓度。

7. 表达情况检测

诱导后每 2 h 取样检测蛋白表达情况,10 μL 菌体加入 10 μL 上样缓冲液,煮沸 5 min,上样,SDS-PAGE 电泳,考马斯亮蓝染色,脱色,检测目的蛋白表达情况。

8. 表达蛋白纯化

利用商业化镍柱亲和层析纯化表达蛋白。

五、问题及讨论

(1)发酵罐使用过程中应注意哪些事项?

(2)根据所学的知识讨论乳糖和 IPTG 诱导蛋白表达可能存在的差异。

参 考 文 献

[1] pET System Manual TB055 10th Edition Rev. B 0403，www.novagen.com.

[2] Sambrook，等. 分子克隆实验指南. 3 版. 黄培堂，等译. 北京：科学出版社，2002.

[3] 陈洪章，等. 生物过程工程与设备. 北京：化学工业出版社，2003.

实验十四　利用脉冲场凝胶电泳技术检测链霉菌染色体的遗传不稳定性

一、实验目的

学习并掌握脉冲场凝胶电泳的工作原理及有关的操作技术。

二、实验原理

脉冲场凝胶电泳(pulsed-field gel electrophoresis，PFGE)技术是从20世纪80年代发展起来的用于分离大片段DNA的技术,对样品制备具有较高要求。通常的琼脂糖凝胶电泳利用双链DNA分子在电场作用下在凝胶中的迁移率不同而达到分离的目的。当双链DNA分子超过一定的大小以后(一般指超过20 kb,在某些情况下超过40 kb),DNA双螺旋的半径超过了凝胶的孔径，它在凝胶电泳中的运动,像通过弯管一样,以其一端指向电场的一极而通过凝胶,这种迁移模式被形象地称为"爬行"。此时的大分子DNA通过凝胶的方式相同,迁移率无差别,在琼脂糖凝胶中的电泳速度会达到极限,不能按照分子大小来分离DNA。琼脂糖凝胶能分辨的DNA分子的大小和凝胶孔径相关,低浓度的(小于0.2%)的凝胶可以分辨不大于750 kb的DNA分子,但相对而言,这样的凝胶本身很脆弱,而且需要的电泳时间极长。对于超过750 kb的样品,常用的电泳方法就无能为力了。

1984年,Schwartz和Cantor报道了脉冲场电泳的设计思想,解决了分离大片段DNA的难题。该方法在凝胶上加了正交的可变脉冲电场,使得DNA分子在"爬行"过程中,因为电场方向的变化,以一种扭曲的状态运动(沿"之"字形路径泳动)。DNA分子在交替变换方向的电场中作出反应所需的时间显著地依赖于分子大小,DNA越大,这种构象改变需要的时间越长,重新定向的时间也越长,于是在每个脉冲时间内可用于新方向泳动的时间越少,因而在凝胶中移动越慢。反之,较小的DNA移动较快,从而达到分离的目的。电场变换方向的间隔时间为脉冲时间,其范围可从数秒到几个小时,脉冲时间越长,分辨的DNA片段越长。

脉冲场凝胶电泳经过多年的发展,已经成为一项非常成熟的分离大片段DNA分子的技术,目前已能分辨出高达60 000 kb乃至100 000 kb以上的DNA片段。

这一独具的高分辨力使脉冲场电泳技术的应用范围已涉及几乎所有生物的基因组研究，如链霉菌染色体和线性大质粒的鉴定、染色体 DNA 物理图谱分析、酵母染色体 DNA 分离、酵母和多种真菌的电泳核型分析、哺乳动物或人染色体 DNA 物理图谱分析、DNA 双链断裂的检测、制备植物大分子 DNA、甚至可以介导动物卵、植物细胞的转基因。特别是脉冲场电泳技术与分子杂交、RAPD 分析、RFLP 分析等分子生物学研究技术的有机结合，极大地提高了分子生物学的研究水平。

PFGE 的装置有多种，目前应用最广泛的是箱位匀强电场（CHEF）系统（图 14-1(A)），它改进了其他电泳装置使 DNA 泳道发生弯曲的缺陷，在水平凝胶周围沿正六边形排列电极，从而在六边形中央形成脉冲式匀强电场，使凝胶场强处处相同（图 14-1(B)），从而具有分离 DNA 带直、分辨率高、凝胶可用于分子杂交等优点。

A
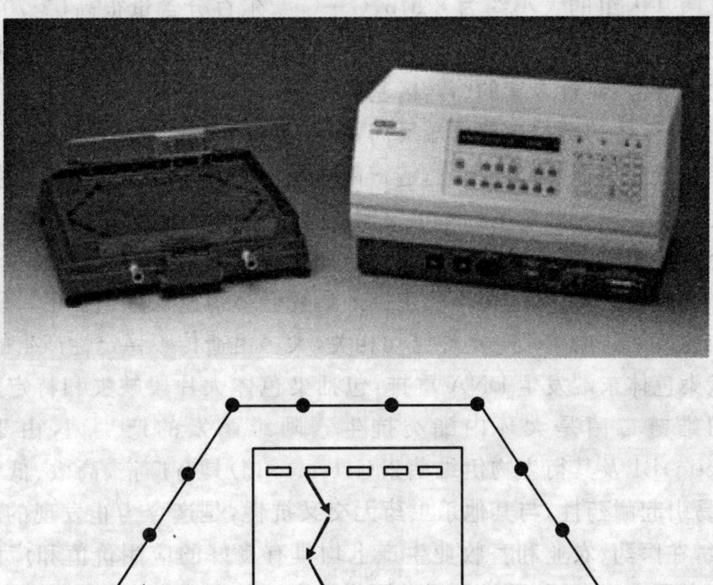

B
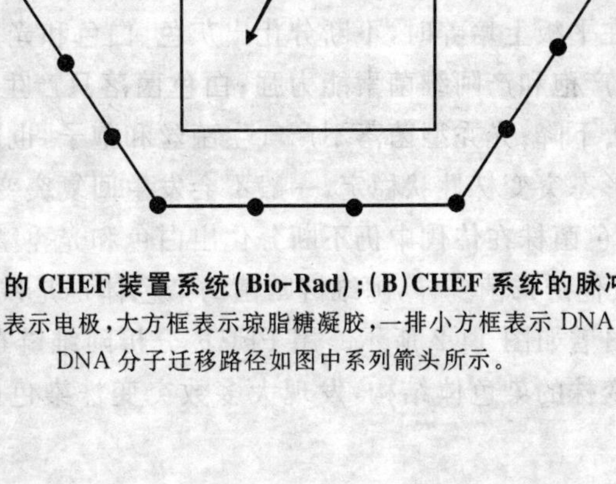

图 14-1　(A) PFGE 的 CHEF 装置系统(Bio-Rad)；(B)CHEF 系统的脉冲场电泳示意图。

图中带点的线表示电极，大方框表示琼脂糖凝胶，一排小方框表示 DNA 加样孔，DNA 分子迁移路径如图中系列箭头所示。

下面是脉冲场凝胶电泳的简单实验流程：

(1)样品的制备：细胞、组织用低熔点琼脂糖包埋，做成琼脂糖胶块；

(2)DNA 的释放：用细胞裂解液和蛋白酶 K 处理胶块，使得 DNA 被释放到细胞外；

(3)DNA 的消化：大片段的 DNA 用具有低频识别位点的限制性内切酶消化；

(4)上样和电泳：制备好的样品按照设计好的程序进行脉冲场电泳；

(5)染色和结果分析：凝胶被 EB 染色后的电泳结果可被凝胶成像系统读取，并可通过相关软件进行数据分析。

本实验以阿维链霉菌(*Streptomyces avermitilis*)为材料，利用脉冲场凝胶电泳技术检测其染色体 DNA 的重排。

链霉菌基因组的大小约为 8 Mb，G+C 摩尔百分含量很高(>70%)，染色体是线状的，为"一区两臂"结构：中部的"核心区"富含行使重要细胞功能的基因，具有高度的保守性；靠近末端的"臂"区基因不包含必需基因，属于"次重要"基因，保守性低；在染色体的两端含有末端反向重复序列(TIRs)和共价结合蛋白。链霉菌中广泛存在着遗传不稳定性现象，链霉菌的许多非必需性状如色素产生、气生菌丝形成和抗生素合成等都是遗传不稳定的。这种遗传不稳定性一直是困扰抗生素生产的一个重要问题，菌株连续传代或经长期保存会导致菌种退化，抗生素产量大幅度下降。因此，对链霉菌遗传不稳定性的研究已显得越来越重要了。研究发现，染色体结构的改变与遗传不稳定性密切相关，大多由遗传不稳定性产生的突变株中，都在线状染色体末端发生 DNA 重排：包括染色体大片段缺失和特定序列的高频扩增。阿维链霉菌是大环内酯类抗生素阿维菌素的产生菌，由于阿维菌素(avermectin)B1 及其衍生物伊维菌素(ivermectin)具有广谱、高效、低毒的杀虫特点，且不易引起耐药性，与其他杀虫药无交叉抗性，是迄今为止发现的最有效的杀虫抗生素，在医药、农业和畜牧业生产上均具有良好的应用价值和广阔的市场前景。我们在研究中发现，阿维链霉菌同样存在遗传不稳定性，野生型菌株和经诱变获得的高产菌株在平板上培养时，不断分化出灰色、白色和光秃型菌落。其中灰色菌落为正常菌落，产孢和产阿维菌素能力强；白色菌落只产生气生菌丝，且阿维菌素的合成能力显著下降；光秃型菌落不产气生菌丝和孢子，也同时失去了产抗生素的能力。光秃型形态突变株性状稳定，一般不会发生回复突变；白色突变株容易发生回复突变，而灰色菌株在传代中仍不断分化出白色和光秃型形态突变株，变异率高达 1.5%。同其他链霉菌一样，阿维链霉菌的染色体也是线状的，全长约 9 Mb，其 *Ase* Ⅰ 的酶切图谱如图 14-2 所示。用 PFGE 分析阿维链霉菌野生型菌株和分离到的光秃型突变株的染色体结构，发现大多数突变株染色体 DNA 的电泳图谱与野生型菌株相比有所改变，意味着发生了染色体 DNA 的重排。

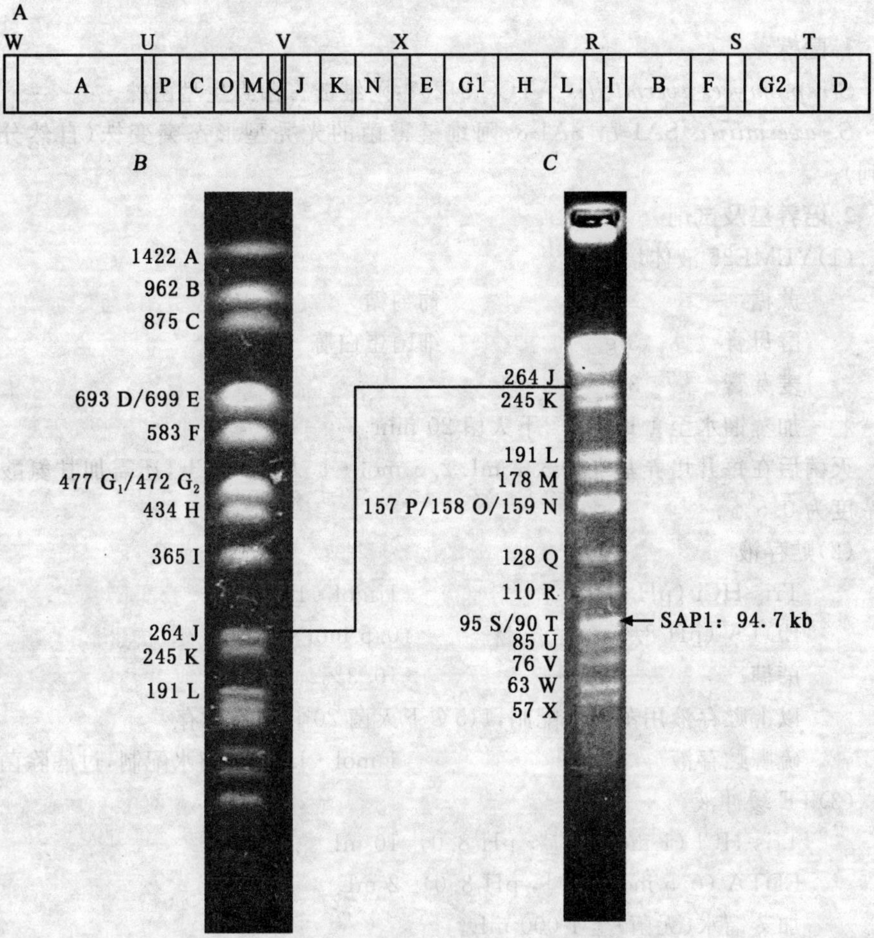

图 14-2　(A)阿维链霉菌线性染色体 DNA 的 *Ase*I 物理图谱示意图；(B)和(C)为阿维链霉菌的染色体 DNA 经 *Ase*I 酶切后的 PFGE 电泳图谱。[SAP1 为阿维链霉菌的线性质粒。PFGE 电泳条件是：(B)1.2% 琼脂糖凝胶，4.5 V/cm，20～130 s，36 h；4.5 V/cm，60～90 s，2 h；4.5 V/cm，5～10 s，8 h，用于分离大的染色体片段；(C)1.5%琼脂糖凝胶，6 V/cm，5～20 s，24 h，用于分离较小的染色体片段。]

三、实验材料

1. 菌株

Streptomyces avermitilis ATCC 31267：阿维链霉菌野生型菌株。

S. avermitilis SA1-7，SA1-8：阿维链霉菌的光秃型形态突变株（自然分离得到）。

2. 培养基及试剂

（1）YEME25 液体培养基

蔗糖	250 g	葡萄糖	10 g
酵母膏	3 g	细菌蛋白胨	5 g
麦芽膏	3 g		

加蒸馏水至 1 L，115℃下灭菌 20 min

灭菌后在每升培养基中加入 2 mL 2.5 mol·L^{-1}的 $MgCl_2$，还需加甘氨酸至终浓度为 0.5%。

（2）贮存液

Tris-HCl (pH 8.0)	1 mol·L^{-1}
EDTA (pH 8.0)	0.5 mol·L^{-1}
蔗糖	10.3%

以上贮存液用蒸馏水配制，115℃下灭菌 20 min 后贮存

硫脲贮存液	1 mol·L^{-1}（蒸馏水配制，过滤除菌）

（3）TE 缓冲液

Tris-HCl (1 mol·L^{-1}, pH 8.0)	10 mL
EDTA (0.5 mol·L^{-1}, pH 8.0)	2 mL

加蒸馏水（无菌）至 1 000 mL。

（4）TE25S 缓冲液

Tris-HCl (1 mol·L^{-1}, pH 8.0)	25 mL
EDTA (0.5 mol·L^{-1}, pH 8.0)	50 mL

加 10.3%蔗糖贮存液至 1 000 mL

（5）10×TBE 缓冲液

Tris	108 g
硼酸	55 g
EDTA	40 mL (0.5 mol·L^{-1}, pH 8.0)
用蒸馏水定容至	1 000 mL

115℃灭菌 20 min 后贮存，电泳时使用 0.5×TBE 缓冲液，即用无菌蒸馏水将贮存液稀释 20 倍。

(6)NDS 溶液

①称取 EDTA 93 g，Tris 0.605 g，加蒸馏水 350 mL，然后加入固体 NaOH 至 pH 8.0 以使 EDTA 溶解；

②称取 5 g 十二烷基肌氨酸钠，溶于 50 mL 蒸馏水中，再将此溶液加入到步骤①的溶液中；

③用浓 NaOH 调 pH 值至 9.5，加蒸馏水至 500 mL。115℃下灭菌 20 min，4℃贮存。

(7)1%低熔点琼脂糖

称 0.05 g 低熔点琼脂糖于 5 mL TE25S 中，微波炉加热 10 s 使之融化，然后置于 50℃待用。

(8)溶菌酶溶液

用 TE25S 缓冲液配成 1 mg·mL^{-1}的溶菌酶溶液，过滤除菌。

(9)蛋白酶 K 溶液

用 NDS 溶液配成 1 mg·mL^{-1}的蛋白酶 K 溶液，使用前在 55℃水浴中预酶解 30～60 min。

3. 主要仪器

恒温培养箱，恒温摇床，恒温水浴，脱色摇床，小型台式离心机，PFGE 电泳装置(Bio-Rad 的 CHEF MAPPER XA 系统)等。

四、实验步骤

1. 用于 PFGE 的 DNA 样品的制备

为避免大分子 DNA 在提取过程中断裂，细胞需在琼脂糖凝胶块中进行原位裂解。

(1)将－70℃甘油保存的阿维链霉菌野生型菌株的孢子和光秃型突变株的菌丝体分别接种于 25 mL 加有弹簧的 YEME25 培养基中，28℃，220 r/min 摇床培养 36 h 后，5 000 r/min 离心 10 min 收集菌丝体，并将菌丝体用 10.3%蔗糖洗涤 3 次，再用 TE25S 洗涤 2 次。

(2)将 50 μL 菌丝体与 450 μL TE25S 和 500 μL 置于 50℃的 1%低熔点琼脂糖混合，用 1 mL tip 头将上述混合物加入到 4℃预冷的模子孔中（模子在使用前，应先用洗洁精 50℃浸泡 30 min，用大量水冲洗后，再在 1 mol·L^{-1} HCl 中 50℃浸泡 45 min，最后用大量无菌水冲洗干净，将底部用胶布封住，置于 4℃冰箱中预冷),将模具置于4℃中使胶块(Plug)迅速凝固,一次可制备10个胶块。

(3)将凝固好的Plugs用牙签或tip头轻轻插入含有5 mL溶菌酶溶液的无菌小管中,37℃温育5～6 h,酶解期间每30 min要轻轻摇动一次。

(4)酶解结束后去掉溶菌酶溶液,将Plugs用TE25S洗一次,然后加入5 mL蛋白酶K溶液于50℃酶解24 h,再换新鲜的蛋白酶K溶液继续酶解12 h,酶解期间应不时轻轻摇动。经蛋白酶K处理过的胶块应清澈透明,否则酶解不完全。

(5)去掉蛋白酶K溶液,将Plugs用TE洗10次,以除去蛋白酶K。每次至少洗1 h,并在脱色摇床上轻轻摇动洗涤。

(6)洗涤后的胶块可直接用于限制酶酶切,或放在TE中置于4℃可保存数月。如在0.5 mol·L^{-1}EDTA中可存放更长时间,但在酶切前需用50倍体积TE洗涤1 h。

2. Plugs的限制酶酶切

(1)将一块Plug置于100 μL 1×*Ase*I缓冲液中(加在无菌的Eppendorf管中)室温浸泡30 min。

(2)更换150 μL新鲜的1×*Ase*I缓冲液,加入1 μL浓度为50 mg·mL^{-1}的BSA和25 U的*Ase*I,37℃下作用4～6 h。

(3)加入1 mL 0.5 mol·L^{-1} EDTA终止反应,4℃保存或立刻进行脉冲场凝胶电泳。

3. 制胶

制胶需要下列物品:制胶架、金属制胶板、梳子和梳子固定架等。这些物品不能用有机溶剂洗涤和高压灭菌,只能用稀释的洗洁精洗涤,再用70%酒精清洗。

(1)用蒸馏水配制1%的琼脂糖,高压灭菌。

(2)放置好制胶板和制胶架,用梳子固定架将梳子固定在制胶架上,梳子不要和制胶板密切接触,保持1～2 mm的距离。将酶切好的Plugs(每个Plug可用1/4大小上样)用封口的玻璃吸管轻轻放在梳子齿上,使其紧挨着制胶板。用于操作Plugs的吸管应该是非常洁净的,可浸在70%酒精中。

(3)将冷却到50℃左右的琼脂糖凝胶轻轻倒入由制胶架固定的制胶板上(注意不要冲动Plugs,不要有气泡,若出现气泡,用tip头将气泡戳破即可),胶的厚度一般为5～6 mm,应适当高出Plugs。

(4)待凝胶凝固后,轻轻拔出制胶梳子,移开制胶架,将凝胶连同支撑凝胶的金属制胶板一起放入电泳槽中,放胶时应使有Plugs的一端朝向负极。

4. 电泳

(1)用水平泡调节电泳槽水平,在槽中加入0.5×TBE缓冲液2.2 L,检查缓冲液的高度，确保缓冲液超过胶面 1～2 mm。在缓冲液中加入硫脲，使其终浓度为 2 mmol・L^{-1}（即 2.2 L TBE 中加入 4.4 mL 1 mol・L^{-1} 的硫脲贮存液），以防止 DNA 降解。

(2)接通主机和冷却泵电源，开启主机开关，主机自检结束后，开启冷却泵开关。

(3)按冷却泵的 set temp 键调节需要的电泳温度，一般为 14℃。按 actual temp 显示实际温度。调节蠕动泵的速度为"100"。

(4)待温度降至 14℃，盖好电泳槽盖，将蠕动泵速度调节至"70"，以免电泳过程中缓冲液流速太快，使胶在溶液中移动。

(5)在主机上设置电泳程序（电泳参数的设置，涉及电压、脉冲角度、脉冲转换时间、脉冲转换时间的变化系数和电泳时间。最常用的参数如下：电压：6 V/cm，脉冲角度：120°，脉冲转换时间：Initial Switch Time＝30 s，Finial Switch Time＝90 s，电泳时间：18 h。脉冲转换时间的变化系数：线性。脉冲转换时间和电泳时间因不同的样品而不同，需要在实验中优化。本实验的电泳条件为：4.5 V/cm，20～130 s，36 h；4.5 V/cm，60～90 s，2 h；4.5 V/cm，5～10 s，8 h）；按 START RUN 键，即开始电泳。此时可观察到电泳槽内电极开始出现气泡。仪器会显示出实际的电流。

CHEF MAPPER XA 有多种参数设置模式，这里介绍最常用的"AUTO ALGORITHM"、"TWO STATE"和"MULTI STATE"模式。

①"AUTO ALGORITHM"模式是最简单的模式，仪器会自动设置电泳条件。

a. 开机后，在主机面板上按 AUTO ALGORITHM 键；

b. 屏幕上显示"Molecular Weight：Low"，此时通过面板上的数字键和字母键输入你所要分离的最小片段。比如：220 kb，输入 220，"K-BASES"，按回车键；

c. 随后，屏幕上显示"Molecular Weight：High"，此时输入你所要分离的最大片段，比如 2 200 kb，输入 2200，"K-BASES"，按回车键；

d. 屏幕上显示"Calibration Factor"，按回车键；

e. 屏幕上显示"0.5×TBE，14℃，1% PFC agarose"，按回车键；

f. 屏幕上显示如下参数：6 V/cm，Run Time＝∗∗.∗∗(hr)，Included angel 120°，按回车键；

g. 屏幕上显示：Int. Sw. Tm＝∗∗.∗∗s，Fin Sw. Tm＝∗∗.∗∗s，Ramping Foctor：a＝[linear]，按回车键；

h. 显示“A program is in memory”，按 START RUN 即开始运行。

②“TWO STATE”模式

a. 开机后，按 TWO STATE 键；

b. 屏幕显示“Gradient=[ ]V/cm”，输入 6，回车键；“Run Time=[ ]”，输入 24，“HOURS”，回车键；“Included angle=”输入 120，回车键；

c. 屏幕显示“Int. Sw. Tm= ”，输入 30，“SECONDS”，回车键；“Fin. Sw. Tm=”，输入 90，“SECONDS”，回车键；

d. 屏幕显示“Ramping factor a=”，按回车键，则仪器默认脉冲转换时间的变化系数为线性；

e. 屏幕显示“A program is in memory”，按 START RUN 即开始运行。此时的电泳条件是：电压：6V/cm，脉冲角度：120°，脉冲转换时间：Initial Switch Time =30 s，Finial Switch Time=90 s，电泳时间：24 h。

③“MULTI STATE”模式

以本实验电泳条件为例。

a. 开机后，按 MULTI STATE 键；

b. 屏幕显示“Program with Interrupts? [ ]”，输入 0，回车键；

c. 屏幕显示“ Blk1 Runtime = [ ]”，输入 36，“HOURS”，回车键；

d. 屏幕显示“Blk1 St01 [.] V/cm a = [ ] Ang = [ ] InTm =[ ] FnTm = [ ]”，依次输入 4.5，回车键，60，回车键，20，“SECONDS”，回车键，130，“SECONDS”，回车键 2 次；

e. 屏幕显示“Continue with another State (Vector)? [ ]”，输入 1，回车键；

f. 屏幕显示“Blk1 St02 [.] V/cm a = [ ] Ang = [ ] InTm=[ ] FnTm= [ ]”，依次输入 4.5，回车键，−60，回车键，20，“SECONDS”，回车键，130，“SECONDS”，回车键 2 次；

g. 屏幕显示“Continue with another State (Vector)? [ ]”，输入 0，回车键；

屏幕显示“Continue with another block? [ ]”，输入 1，回车键；

h. 屏幕显示“ Blk2 Runtime = [ ]”，输入 2，“HOURS”，回车键；

i. 屏幕显示“Blk2 St01 [.] V/cm a = [ ] Ang = [ ] InTm=[ ] FnTm= [ ]”，依次输入 4.5，回车键，60，回车键，60，“SECONDS”，回车键，90，“SECONDS”，回车键 2 次；

j. 屏幕显示“Continue with another State (Vector)? [ ]”，输入 1，回车键；

k. 屏幕显示“Blk2 St02 [.] V/cm a = [ ] Ang = [ ] InTm=[ ] FnTm=

[ ]”，依次输入 4. 5，回车键，－60，回车键，60，“SECONDS”，回车键，90，“SECONDS”，回车键 2 次；

l. 屏幕显示“Continue with another State (Vector)？[ ]”，输入 0，回车键；屏幕显示“Continue with another block？[ ]”，输入 1，回车键；

m. 屏幕显示“ Blk3 Runtime ＝ [ ]”，输入 8，“HOURS”，回车键；

n. 屏幕显示“Blk3 St01 [.] V/cm a ＝ [ ] Ang ＝ [ ] InTm＝[ ] FnTm＝[ ]”，依次输入 4. 5，回车键，60，回车键，5，“SECONDS”，回车键，10，“SECONDS”，回车键 2 次；

o. 屏幕显示“Continue with another State (Vector)？[ ]”，输入 1，回车键；

p. 屏幕显示“Blk3 St02 [.] V/cm a ＝ [ ] Ang ＝ [ ] InTm＝[ ] FnTm＝[ ]”，依次输入 4. 5，回车键，－60，回车键，5，“SECONDS”，回车键，10，“SECONDS”，回车键 2 次；

q. 屏幕显示“Continue with another State (Vector)？[ ]”，输入 0，回车键；

r. 屏幕显示“Continue with another block？[ ]”，输入 0，回车键；

s. 屏幕显示“A program is in memory，Please enter another command.”，按 START RUN 开始运行。

(6)电泳开始后，high voltage 灯亮，此时切不可打开电泳槽盖进行操作，以免发生触电危险。

(7)电泳结束后，high voltage 灯灭。依次关掉冷凝系统、循环泵开关、主机开关，然后打开电泳槽，取出凝胶，进行 EB 染色、Southern 杂交等操作。

5. 操作注意事项

(1)培养菌丝体时，加弹簧的目的是尽可能使菌丝分散生长，不结球，而且接种的孢子浓度要大。如果出现菌丝团，需重新培养菌丝体，否则会影响后面的酶解过程，导致实验不成功。

(2)如果电泳后的 DNA 样品发生了降解，条带弥散或模糊，则除培养基外，所有试剂和缓冲液换 Milli-Q 级纯水配制，并增加洗涤次数有可能避免此现象。

(3)CHEF 系统在运行中使用高电压和大电流，因此在仪器运行过程中，不能随意打开电泳槽。如果确实需要打开电泳槽，一定要在仪器暂停、“high voltage”指示灯熄灭后才可以打开。

(4)脉冲场电泳过程中，缓冲液会循环流动，因此要检查电泳槽和管道系统是否有漏液。

(5)电泳槽和制胶板在使用前均需用水平泡调节使之水平。

(6)在电泳槽的前内侧,放置有过滤条,以防止游离的凝胶碎片进入冷却泵,堵塞管道系统。因此,电泳结束后应及时清理该处的凝胶碎片。

(7)冷却泵开启时,一定要先把蠕动泵打开,以避免冷却泵管道内的溶液因为过度制冷,凝结成冰块而堵塞管道。

(8)电泳结束后,应及时取出凝胶,进行染色等操作,以避免因时间过长而造成条带的弥散。

(9)用于脉冲场电泳的DNA分子质量标准品通常为:①λ噬菌体多联体;②啤酒酵母染色体。本实验中野生型阿维链霉菌染色体的*Ase*I酶切片段大小是已知的,故可不用标准品做分子质量对照。

(10)用于脉冲场电泳的琼脂糖的质量很重要,Bio-Rad的Certified Megabase Agarose是做CHEF的上好选择,因为它具有很高的强度、电泳迁移率和排阻限,最佳的分离范围是1 kb~5 Mb。它能够在低至0.3%的浓度时依然方便搬运,可以缩短运行时间。染色后背景很低,可以方便对大分子质量的DNA成像。但Bio-Rad产品的价格较贵,一般来讲,电泳级的高质量琼脂糖即可以满足常规PFGE实验的要求。低熔点琼脂糖的要求也是如此,最好使用PFGE级别的琼脂糖。

五、问题及讨论

(1)请总结PFGE过程中的注意事项。

(2)如果样品经脉冲场电泳后出现了DNA条带模糊或过宽,可能是由哪些因素造成的?

(3)如果大片段DNA的分离效果不理想,你应采取哪些措施?

(4)比较阿维链霉菌野生型菌株和光秃型突变株染色体DNA经*Ase*I酶切后的PFGE电泳图谱,并分析实验结果。

参考文献

[1] Bio-Rad CHEF Mapper® XA pulsed field electrophoresis system instruction manual and application guide. catalog numbers 170-3670 to 170-3673.

[2] Kieser T., Bibb M. J., Buttner M. J., *et al*. Practical *Streptomyces* Genetics. Norwich: The John Innes Foundation, 2000.

[3] Ōmura S., Ikeda H., Ishikawa J., *et al*. Genome sequence of an industrial microorganism *Streptomyces avermitilis*: deducing the ability of producing secondary metabolites. Proc. Natl. Acad. Sci. USA. 2001 (98): 12215-

12220.

[4] Volff J. N., Altenbuchner J. Genetic instability of the *Streptomyces* chromosome. Mol. Microbiol. 1998(27): 239-246.

[5] Bio-Rad China. 脉冲场电泳培训材料.

[6] Sambrook，等. 分子克隆实验指南. 3 版. 黄培堂，等译. 北京：科学出版社，2002.

[7] 生物谷网站实验频道. 网址：www.bioon.com.

实验十五　利用染色质免疫共沉淀技术检测蛋白质和DNA在体内的相互作用

一、实验目的

学习并掌握染色质免疫共沉淀技术的基本原理及实验方法。

二、实验原理

染色质免疫共沉淀技术（chromatin immunoprecipitation assay，ChIP assay）是近年来发展起来的一项新技术，用于研究体内蛋白质和DNA之间的相互作用。它的发明最早可以追溯到20世纪60年代，早期曾多用于研究核小体上的DNA和组蛋白的相互作用以及组蛋白的修饰。近年来，该技术经过不断的发展和完善，特别是与DNA芯片和分子克隆技术相结合，可用于高通量筛选已知蛋白因子的未知DNA靶点和研究反式作用因子在整个基因组上的分布情况，成为研究染色质水平基因表达调控的重要工具。凝胶阻滞分析技术（EMSA）是目前研究转录调控蛋白与相应核苷酸序列结合的常用方法，但是由于许多转录调控蛋白有相似或相同的DNA结合位点，这种体外分析获取的结果不一定能真实地反映体内转录调控蛋白与DNA结合的状况。与传统的EMSA技术相比，基于体内分析而发展起来的染色质免疫共沉淀分析技术能更加真实、完整地反映出生理条件下结合在DNA序列上的调控蛋白，是目前确定与特定蛋白结合的基因组区域或确定与特定基因组区域结合的蛋白质的最好方法。该技术主要应用于组蛋白修饰研究、转录调控分析、药物开发研究、有丝分裂研究、DNA损伤与凋亡分析。

染色质免疫共沉淀技术的基本原理是：在活细胞状态下用甲醛固定蛋白质-DNA复合物，用超声波将染色质切断为一定长度范围内的小片段，然后用所要研究的目的蛋白的特异性抗体免疫沉淀此交联复合体，特异性地富集与目的蛋白结合的DNA片段，最后通过对目的片段的纯化与检测，获得蛋白质与DNA相互作用的信息。该技术中包括4个重要的步骤，如图15-1所示。

（1）细胞的甲醛固定

甲醛是一种高分辨率（2Å）的可逆的交联剂，能有效地使蛋白质-蛋白质，蛋白

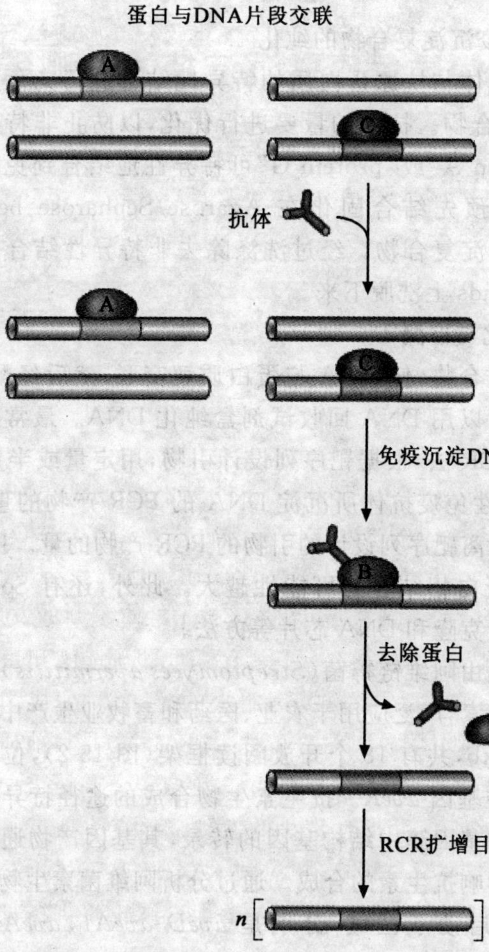

图 15-1　染色质免疫共沉淀技术的基本原理示意图

质-DNA和蛋白质-RNA交联，但甲醛并不作用于游离的双链DNA，从而避免DNA的损伤。甲醛的交联作用是可逆的，以便于在后续步骤中分别对所交联的蛋白质和DNA进行分析。交联所用的甲醛终浓度一般为1%，时间通常为5～60 min，可随时加入甘氨酸来终止交联反应。

(2)染色质的片段化

由于交联后的染色质对限制性内切酶和DNase Ⅰ高度抵抗，因此，通常用超声波使染色质断裂。打断后的染色质片段的平均长度应该在500～1 000 bp，这可通过琼脂糖凝胶电泳来鉴定。

(3)染色质免疫沉淀和免疫沉淀复合物的纯化

利用目的蛋白的特异性抗体与抗原蛋白质的特异性结合进行染色质免疫沉淀,形成蛋白质-抗体-DNA 复合物。抗体的量要进行优化,以防止非特异性的结合。细菌胞壁蛋白中的“protein A”或“protein G”可特异性地结合到免疫球蛋白的 Fc 片段,因此,目前多用预先结合固化在 Agarose/Sepharose beads 上的 protein A/G,吸附回收免疫沉淀复合物。经过洗涤除去非特异性结合的染色质后,再将免疫沉淀复合物从 beads 上洗脱下来。

(4)目的 DNA 片段的纯化与检测

65℃保温处理免疫沉淀复合物,使 DNA 与蛋白质解交联,然后经酚/氯仿抽提、乙醇沉淀纯化 DNA。也可以用 DNA 回收试剂盒纯化 DNA。最常采用的分析目的 DNA 片段的方法是 PCR 法,根据靶序列设计引物,用定量或半定量 PCR 的方法,比较特异性和非特异性免疫抗体所沉淀 DNA 的 PCR 产物的量;或者比较根据靶序列设计的引物和远离靶序列设计的引物的 PCR 产物的量。比值越大,则说明靶 DNA 序列与目的蛋白相结合的可能性越大。此外,还有 Southern 杂交,狭缝杂交(slot blot),ChIP 克隆和 DNA 芯片等方法。

阿维菌素(avermectins)是由阿维链霉菌(*Streptomyces avermitilis*)产生的一组高效杀虫的大环内酯类抗生素,广泛应用于农业、医药和畜牧业生产中。阿维菌素的生物合成基因簇全长 82 kb,共有 18 个开放阅读框架(图 15-2),位于基因簇最左端的是途径特异性正调控基因 *aveR*。抗生素生物合成的途径特异性调控基因一般只负责调控与其连锁的基因簇中结构基因的转录,其基因产物通过与结构基因的启动子区域相结合而影响抗生素的合成。通过分析阿维菌素生物合成基因簇的结构,我们推测了四个启动子区域,分别是 *aveD*-*aveA1*、*aveA4*-*orf1* 和 *aveBⅢ*-*aveBⅣ* 的基因间隔区以及 *aveBⅧ* 的上游区域,其中基因间隔区含有转录方向相反的两个启动子(图 15-2)。除了阿维菌素外,阿维链霉菌还合成对人和哺乳动物有毒的寡霉素(oligomycins),寡霉素生物合成基因簇全长 104 kb,也含有 18 个开放阅读框架,*olmA1* 和 *olmA4* 是其中的两个结构基因,它们的表达应该不受 AveR 蛋白的调控,即 AveR 蛋白不与 *olmA1* 和 *olmA4* 的启动子区域结合。

本实验用染色质免疫共沉淀技术检测阿维菌素生物合成基因簇中正调控基因产物 AveR 蛋白和该基因簇中结构基因启动子间的相互作用。

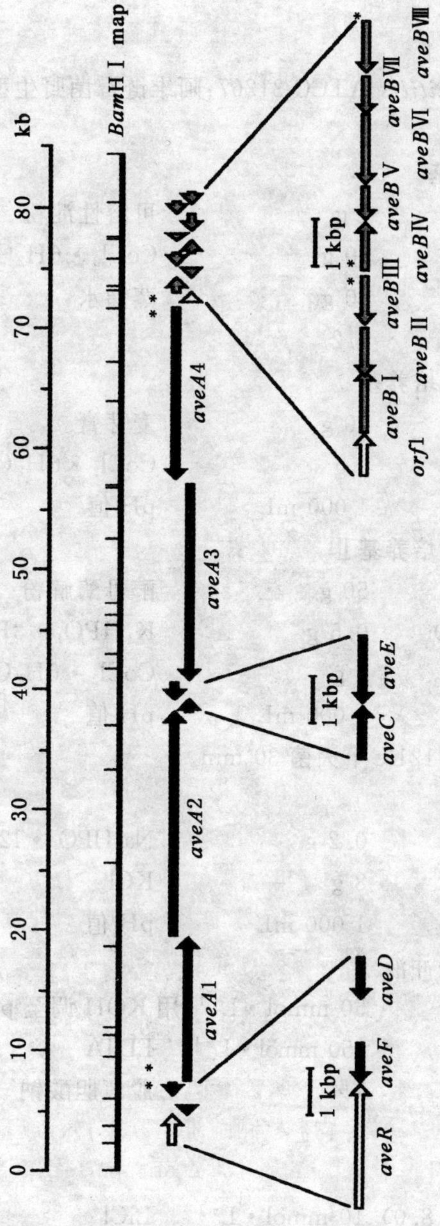

图 15-2　阿维菌素生物合成基因簇的结构（＊表示推测的启动子区域）

三、实验材料

1. 菌株

Streptomyces avermitilis ATCC 31267：阿维链霉菌野生型菌株。

2. 培养基及试剂

(1)YMS 斜面培养基

酵母膏	4 g	可溶性淀粉	4 g
麦芽膏	10 g	$CoCl_2 \cdot 6H_2O$	5 mg
琼脂	20 g	蒸馏水	1 000 mL
pH 值	7.2		

(2)阿维链霉菌种子培养基

可溶性淀粉	30 g	麦芽膏	2 g
大豆蛋白胨	2 g	$CoCl_2 \cdot 6H_2O$	5 mg
蒸馏水	1 000 mL	pH 值	7.0～7.2

(3)阿维链霉菌发酵培养基Ⅱ

可溶性淀粉	50 g	酵母酶解粉	12 g
$MgSO_4 \cdot 7H_2O$	0.5 g	$K_2HPO_4 \cdot 3H_2O$	0.5 g
KCl	4 g	$CoCl_2 \cdot 6H_2O$	5 mg
蒸馏水	1 000 mL	pH 值	7.0～7.2

以上培养基配好后，121℃下灭菌 30 min。

(4)PBS 缓冲液

KH_2PO_4	0.2 g	$Na_2HPO_4 \cdot 12H_2O$	2.9 g
NaCl	8 g	KCl	0.2 g
蒸馏水	1 000 mL	pH 值	7.2

(5)免疫沉淀(IP)缓冲液

HEPES	$50\ mmol \cdot L^{-1}$(用 KOH 调至 pH 7.5)		
NaCl	$150\ mmol \cdot L^{-1}$	EDTA	$1\ mmol \cdot L^{-1}$
Triton X-100	1%	脱氧胆酸钠	0.1%
SDS	0.1%		

(6)Wash 缓冲液

Tris-HCl (pH 8.0)	$10\ mmol \cdot L^{-1}$	LiCl	$250\ mmol \cdot L^{-1}$
EDTA	$1\ mmol \cdot L^{-1}$	Nonidet-P40	0.5%
脱氧胆酸钠	0.5%		

(7)Tris-EDTA 缓冲液

Tris-HCl (pH 7.5)	50 mmol · L^{-1}	EDTA	1 mmol · L^{-1}

(8)Elution 缓冲液(需现用现配)

SDS	1%	$NaHCO_3$	0.1 mol · L^{-1}

(9)TE 缓冲液

Tris-HCl (pH 8.0)	10 mmol · L^{-1}	EDTA (pH 8.0)	1 mmol · L^{-1}

(10)蛋白酶 K 贮存液

用含 10 mmol · L^{-1} EDTA 和 40 mmol · L^{-1} Tris (pH 8.0)的缓冲液配成 10 mg · mL^{-1}蛋白酶 K 的贮液,于−20℃冻存。

3. 主要仪器

恒温培养箱,液氮罐,小型台式冷冻离心机,超声波破碎仪,恒温摇床,PCR 仪,脱色摇床,琼脂糖凝胶电泳装置等。

四、实验步骤

(1)将−70℃保存的阿维链霉菌甘油孢子接种于 YMS 培养基上,28℃培养 7~10 d,待长出丰富的灰色孢子后接种于 100 mL 种子培养基中,28℃摇床培养 24 h(转速 180 r/min,偏心距 4.0 cm),按 5%的接种量转接于 100 mL 发酵培养基Ⅱ(种子培养基和发酵培养基均装在 500 mL 摇瓶中),再于 28℃摇床培养 40 h。此时阿维菌素已经产生,表明 AveR 蛋白已经与其靶基因的启动子区域相结合,激活阿维菌素生物合成基因的表达。

(2)发酵培养物中加入终浓度为 1%的甲醛,室温下轻轻摇动 30 min,使 DNA 和蛋白质交联。然后加入终浓度为 125 mmol · L^{-1}的甘氨酸,继续轻摇 5 min,以终止交联反应。

(3)5 000 r/min 离心 5 min 收集菌丝体。将菌丝体用冷的 PBS 缓冲液洗涤 2 次后,按每份 300 mg 湿菌丝冻存于−70℃备用。

(4)在液氮下将冷冻的 300 mg 湿菌丝研磨至粉末,并悬浮于含有 1 mmol · L^{-1} PMSF 的 3 mL IP 缓冲液中,用超声波将染色质 DNA 打断成 500~1 000 bp 的小片段。

(5)12 000 r/min,4℃离心 10 min,此时的上清液称作 Input sample,含有基因组总 DNA,可作为 ChIP assay 中的正对照。

(6)取两份 800 μL Input sample 做后续的免疫沉淀实验。先对样品进行预处理,在两份 800 μL 样品中分别加入 40 μL 50% protein G agarose/salmon sperm

(SS)DNA (Upstate, catalogue no. 16-201),4℃于脱色摇床轻轻摇动 60 min,以减少非特异性的结合背景。

(7)1 000 r/min 离心 2 min 沉淀 agarose beads,将上清液转移到新的 Eppendorf 管中,一份上清液加入 80 μL AveR 蛋白的抗体(自己制备),4℃轻摇过夜,以形成免疫沉淀复合物;然后再加入 70 μL 50% protein G agarose/ SS DNA, 4℃继续轻摇 4 h,以吸附免疫沉淀复合物。另一份不加抗体的上清液同样处理作为负对照。

(8)1 000 r/min 离心 2 min 回收 agarose beads 后,依次用下列缓冲液洗涤 agarose beads:IP 缓冲液洗 2 次,IP 缓冲液+0.5 mol・L^{-1} NaCl 洗 1 次,Wash 缓冲液洗 1 次,Tris-EDTA 缓冲液洗 1 次。每次加 1 mL 缓冲液,4℃轻轻摇动洗 5 min。

(9)1 000 r/min 离心 2 min,回收 agarose beads,加入 300 μL 新配制的 Elution 缓冲液,室温轻摇 15 min 以洗脱免疫沉淀复合物。

(10)在洗脱液和 300 μL Input sample 中分别加入 12 μL 5 mol・L^{-1} NaCl, 65℃水浴 5 h 使 DNA 和蛋白质解交联。在以后的实验中所有样品都同样处理。

(11)在解交联后的样品中加入终浓度为 200 μg・mL^{-1} 的蛋白酶 K,45℃作用 1 h,以降解样品中的残余蛋白。

(12)样品经酚/氯仿抽提、乙醇沉淀后,用 70%乙醇洗涤 DNA 沉淀,并将 DNA 沉淀溶于 30 μL TE 中(作为正对照的样品溶于 100 μL TE 中)。

(13)用 PCR 来检测免疫沉淀后的 DNA 样品。PCR 所用的引物见表 15-1,分别用 2 μL 免疫沉淀后的 DNA 样品、正对照 DNA 样品和负对照 DNA 样品做模板,反应条件是:95℃, 4 min;95℃,30 s,57℃,45 s,72℃,45 s, 30～35 个循环;72℃,5 min。

(14)PCR 产物经 2%的琼脂糖凝胶电泳,用 EB 染色进行检测。有时经免疫沉淀后的 DNA 样品需经过 2 轮 PCR 才能检测到目的产物。

五、问题及讨论

(1)分别用免疫沉淀后的 DNA 样品、正对照 DNA 样品和负对照 DNA 样品做模板,用表 15-1 中的引物经 PCR 扩增后分别得到了什么样的结果,为什么?

表 15-1　ChIP assay 中所用的引物

引物	序列（5′-3′）	用途
6	ATCATGGTCGGGAACCTCC	用于检测 *aveD* 和 *aveA1* 间的启动子区域
7	TCACCGCTAGGCAATGCTC	
26	ATGGACCGGTCTCCTCGAC	用于检测 *aveA4* 和 *orf1* 间的启动子区域
27	CCACGCACACCACTCGC	
200	CGCGAGCACGATTCCCTTC	用于检测 *aveBⅢ* 和 *aveBⅣ* 间的启动子区域
201	CTTCAGTATTCCGGTCGGCC	
202	GATCAGTCGACACTCCCTCG	用于检测 *aveBⅧ* 的启动子区域
203	CGCTCGTCTGAACACTGGTC	
204	CGGCTTCCTTCTCAGAAACGC	用于检测 *olmA4* 的启动子区域
205	GCAGATCGGCTGCCATCTTC	
206	CTACGGGGTCAAGGAGCTG	用于检测 *olmA1* 的启动子区域
207	CATTCCCACCACCGCTATCG	

(2)你认为影响本实验的关键因素有哪些？

(3)如果以负对照 DNA 样品为模板经 PCR 扩增出目的产物；而以免疫沉淀后的 DNA 样品为模板，用非靶序列引物（*olmA*1 和 *olmA*4 的启动子引物）经 PCR 也扩增出了相应产物，是什么原因？如何尽量避免这种情况？

参考文献

[1] Grainger D. C., Overton T. W., Reppas N., *et al*. Genomic studies with *Escherichia coli* MelR protein: applications of chromatin immunoprecipitation and microarrays. J. Bacteriol. 2004(186): 6938-6943.

[2] Ikeda H., Nonomiya T., Usami M., *et al*. Organization of the biosynthetic gene cluster for the polyketide anthelmintic macrolide avermectin in *Streptomyces avermitilis*. Proc. Natl. Acad. Sci. USA. 1999(96): 9509-9514.

[3] McKenzie N. L., Nodwell J. R. Phosphorylated AbsA2 negatively regulates antibiotic Production in *Streptomyces coelicolor* through Interactions with pathway-specific regulatory gene promoters. J. Bacteriol. 2007(189): 5284-

5292.
[4] Ōmura S., Ikeda H., Ishikawa J., *et al*. Genome sequence of an industrial microorganism *Streptomyces avermitilis*: deducing the ability of producing secondary metabolites. Proc. Natl. Acad. Sci. USA. 2001(98): 12215-12220.
[5] Upstate experimental protocol-chromatin immunoprecipitation protocol. Web site: www.upstate.com
[6] Watson J. D., Baker T. A., Bell S. P., *et al*. Molecular Biology of the Gene(Fifth Edition). San Francisco: Benjamin Cummings press, 2004.
[7] 王春雨，石建党，朱彦，等. 染色质免疫沉淀技术在研究 DNA 与蛋白质相互作用中的应用. 遗传,2005(27):801-807.

实验十六　利用免疫共沉淀和质谱分析确定相互作用的蛋白

一、实验目的

学习掌握纯化 Myc-His 双标签融合蛋白，并利用免疫共沉淀和质谱分析确定相互作用的蛋白的原理及方法。

二、实验原理

1. 亲和层析纯化 His 标签融合蛋白

以蛋白质的结构和其可能执行的功能为基础，从分子水平上了解生命活动的过程，已经成为现代生物学研究的主要方向。在深入研究蛋白质功能的工作中，往往需要得到高纯度且具有生物活性的目的蛋白质。分离纯化蛋白质基本上有两种方法：一是利用混合物中几个组分分配率的差异，通过机械分离的方法，把蛋白质混合物分配到两个或几个物相中，如盐析、有机溶剂提取、层析和结晶等；二是将蛋白质混合物置于单一物相中，在物理力场的作用下将各组分分配于不同区域从而达到分离的目的，如电泳、超速离心、超滤等。

亲和层析法(affinity chromatography)是一种极为有效的分离蛋白质的方法，通常只需经过一步处理即可使特定蛋白从很复杂的蛋白混合物中分离出来，而且纯度很高。亲和层析是根据某些蛋白质能特异性地与配体(ligand)分子进行非共价结合的原理而设计的。

Ni-NTA 纯化介质是一种共价偶联至三齿螯合剂[次氨基三乙酸 (NTA)]上的琼脂糖纯化介质(交联度为 4%)，该螯合剂可通过四个结合区与 Ni^{2+} 结合。Ni-NTA 纯化介质可用于纯化任何表达系统中的 His 标签融合蛋白，它利用 His 融合蛋白的 6 个连续的组氨酸残基与固定 Ni^{2+} 的亲和吸附作用纯化 His 融合蛋白。结合在纯化介质上的蛋白可以用低 pH 缓冲液或咪唑溶液洗脱下来。

2. 通过免疫共沉淀以及质谱分析确定相互作用的蛋白质

当细胞在非变性条件下被裂解时，完整细胞内存在的许多蛋白与蛋白间的结合得以保持下来，可利用这一事实来检测和确定生理条件下蛋白质之间的相互作用。如果要确定两个蛋白 A 和 B 是否能相互作用,分别将它们构建成 Myc-His-A 与 Flag-B 融合蛋白,用 anti-Myc 抗体和随后加入的 G-protein 琼脂糖 beads(细菌胞壁蛋白中的"protein A"或"protein G"可特异性地结合到免疫球蛋白的 Fc 片段)免疫沉淀 Myc-His-A,如果 A 与 B 能相互作用,则 Flag-B 融合蛋白也将被沉淀下来,称为免疫共沉淀(immunoprecipitation)。蛋白 A 和蛋白 B 可分别通过 anti-Myc 抗体和 anti-Flag 抗体的 Western 杂交检测到。有关 Myc 和 Flag 蛋白的介绍请参考实验七。

除了检测两种目标蛋白能否相互作用,免疫共沉淀的方法也广泛应用于检测与已知蛋白相互作用的新蛋白。这一技术是确定完整细胞内蛋白质生理性互作的有效手段,是研究各种信号通路的主要途径之一,也是确定复合体组成亚基的方法。此方法需要一定量的高纯度的已知蛋白,因此,做好蛋白纯化是后续互作研究的重要前提条件。

在细胞内一个蛋白往往与多个蛋白相互作用,从而完成其所执行的生物学功能。由于与已知蛋白相互作用的蛋白很多是未知蛋白,因而这正是科学家们感兴趣的关键所在。通过免疫共沉淀得到的新蛋白需要一种方法来确定它们的"身份";因此,生物质谱(mass spectrometry)就成为鉴定蛋白质身份的一种高效而可靠的技术。这些未知蛋白用线性梯度凝胶分离,银染或考马斯亮蓝染色后,将每个条带切下来,用胰酶把蛋白消化成小肽,然后用质谱仪进行分析。

蛋白的基团越大,质谱检测的准确率越低,因此,在质谱检测之前,需将蛋白消化成小分子的多肽。一般而言,6～20 个氨基酸的多肽最适合质谱仪的检测。现今最常用的蛋白酶为胰蛋白酶(trypsin),它特异性切割蛋白的赖氨酸和精氨酸的羧基端与相邻氨基酸之间的肽键。同一蛋白经胰蛋白酶消化后,会产生相同的多肽。

质谱仪是一种测定由分子衍生的离子质量的分析仪器。它能产生和分离分子离子,并根据其质量与电荷的比(m/z)进行检测。目前用于质谱分析的软电离技术主要有两种:电喷雾离子化(ESI)和基质辅助激光解吸附离子化(MALDI)。MALDI 是通过将分析物分子包埋入过量的能够吸收特定波长的基质中,干燥后就会形成共结晶混合物。常见的适合于肽段和蛋白质分析的基质包括 α-氰基-4-羟基肉桂酸和 3, 2-二甲氧基-4-羟基肉桂(芥子)酸,当用脉冲激光轰击样品时,基质和分析物分子均被离子化。MALDI 一般只产生单电荷离子。

质谱检测完毕后,可通过蛋白质和 DNA 序列数据库、肽质量指纹图谱、肽段的 MS/MS 图谱鉴定蛋白质。

本实验将采用免疫共沉淀和质谱分析技术确定与粗糙脉孢菌中 CSN2 蛋白相

互作用的蛋白质。CSN2 蛋白是 COP9 信号体（又名 CSN 复合体）的一个亚基。COP9 信号体在真核生物中高度保守，参与多种信号通路及发育进程，如胚胎发生、细胞周期、昼夜节律、DNA 损伤修复、植物的光和激素响应等。另外，CSN 复合体还直接调控 SCF 复合体（一种泛素连接酶，调节细胞内特定时空特定蛋白质的降解）的活性。在粗糙脉孢菌中，CSN 复合体由 7 个亚基（CSN1～CSN7）组成。本实验中，与 Myc-His-CSN2 融合蛋白免疫共沉淀得到的蛋白，将包括 CSN 复合体中的其他 6 个亚基以及能与 CSN 复合体相互作用的蛋白质。

三、实验材料

1. 菌株

粗糙脉孢菌（*Neurospora crassa*）野生型菌株；

Neurospora crassa csn2^{KO}：粗糙脉孢菌 *csn*2 基因缺失突变株。

2. 培养基与试剂

（1）Minimal slants：配方参考实验七。

（2）Low Glucose：配方参考实验七。

（3）0.5 mol・L^{-1} QA：配方参考实验七。

（4）Extraction buffer（用于蛋白提取）：配方参考实验七。

（5）Wash buffer

50 mmol・L^{-1} HEPES（pH 7.4）

300 mmol・L^{-1} NaCl

20 mmol・L^{-1} imidazole

（6）Elution buffer

50 mmol・L^{-1} HEPES（pH 7.4）

137 mmol・L^{-1} NaCl

200 mmol・L^{-1} imidazole

20% 甘油

（7）High salt buffer

20 mmol・L^{-1} Tris-Cl（pH 7.5）

500 mmol・L^{-1} NaCl

（8）Low salt buffer

20 mmol・L^{-1} Tris-Cl（pH 7.5）

50 mmol・L^{-1} NaCl

(9)考马斯亮蓝 CBR-250 染色液

CBR-250	1 g
甲醇	500 mL
醋酸	100 mL
ddH_2O	400 mL

搅拌 4 h 或过夜,用 Whatman 滤纸过滤。

(10)考马斯亮蓝脱色液

甲醇	120 mL
醋酸	70 mL
ddH_2O	810 mL

(11)胶内胰酶消化缓冲液

消化缓冲液:0.05 $mol \cdot L^{-1}$ NH_4HCO_3

胰酶(0.1 $\mu g \cdot mL^{-1}$)消化液:用 1 $mmol \cdot L^{-1}$ HCl 配制 0.1 $\mu g \cdot mL^{-1}$ 的胰酶贮液,存于−20℃。使用时,用消化缓冲液 1∶1 稀释胰酶贮液,pH 值为 7.8。

(12)含 60%乙腈的三氟乙酸(TFA)水溶液

TFA	1 mL
乙腈	600 mL
ddH_2O	400 mL

(13)质谱校准标准品

按 1~10 $pmol \cdot \mu L^{-1}$,溶于含 60%乙腈的 TFA 水溶液中。

(14)质谱基质溶液

含 20 $mg \cdot mL^{-1}$ 的基质,溶于含 60%乙腈的 TFA 水溶液中。在此条件下,基质为饱和溶液,用之前必须离心。

3. 主要仪器

超净工作台,恒温培养箱,摇床,真空泵,离心机,紫外分光光度计,电泳仪及电泳槽,冷冻干燥离心机,恒温水浴锅,MALDI 质谱仪。

四、实验步骤(以 Myc-His-CSN2 蛋白的纯化为例)

(一)前期准备工作

(1)粗糙脉孢菌属于真菌,要从粗糙脉孢菌体中纯化出 Myc-His-CSN2 蛋白,需要构建 CSN2 蛋白的真核表达载体(参考实验七)。在这里,我们将 CSN2 的基因序列插入 qa. myc. his 载体中,构建成 qa. myc. his. CSN2 真核表达载体。

(2)按实验七所述方法构建粗糙脉孢菌 *csn*2^{KO}菌株(*csn*2 基因缺失突变株),并将 qa. myc. his. CSN2 真核表达载体转化到 *csn*2^{KO}菌株中。

(3)通过 Western 杂交证明 Myc-His-CSN2 蛋白能够正确表达,并通过互补实验证明 Myc-His-CSN2 蛋白能够正确行使其功能。

(二)菌体的大量培养

(1)将 *csn*2^{KO}菌株接种到 7 支 minimal 基本培养基斜面上,同时将野生型菌株接种到 3～5 支 minimal 基本培养基斜面上。4～7 d 后,菌株即可产生丰富的分生孢子。

(2)待菌株产孢量足够时,开始大量培养菌体细胞。摇菌量为 6～10 L。

①将灭菌的喹啉酸(QA, 0.5 mol·L^{-1})加入 Low Glucose 液体培养基中,加入的比例为 20 mL QA/1 L Low Glucose。将混合好的 Low Glucose+QA 溶液转入灭过菌的 2 L 三角瓶中。

②分别在每支长有菌的斜面中(包括 *csn*2^{KO}和野生型菌株)加入 2 mL Low Glucose,用 vortex 旋涡振荡器振荡试管底部,使分生孢子脱离试管壁,悬浮于液体培养基中。

③将适量孢子悬液倒入含 Low Glucose+QA 的大摇瓶中,以锡箔纸封口,混匀。25℃,120～140 r/min 光照培养,使其保持单细胞悬液的生长状态而不聚集,36～48 h 后收获菌体。

注意:此部分工作需在超净台中进行。

(三)提取蛋白

(1)用真空泵抽滤收获菌体,抽干水分,将菌体放入 50 mL 离心管中,液氮速冻。

(2)于液氮中将菌体研磨成均一细小的粉末,转入新的离心管中,液氮速冻。注意动作迅速,以防蛋白降解;尽量将粉末磨得细小一些,以利于提取出尽可能多的蛋白。

(3)向蛋白提取缓冲液(extraction buffer)中加入 3 种蛋白酶抑制剂:分别加入蛋白提取缓冲液的 1%体积、0.1%体积、0.1%体积的 PMSF、Leupeptin、Pepstatin A。将适量冰预冷的添加了蛋白酶抑制剂(PMSF、Leupeptin、Pepstatin A)的蛋白提取缓冲液加入菌体粉末中,轻柔振荡混合,使粉末充分接触提取缓冲液。将离心管置冰上,保持低温。

(4)4℃,12 000 r/min 离心 15 min,取上清移入新的离心管。

(5)4℃,45 000 r/min 离心 30 min。用枪头去掉上清顶层的油脂,然后将上清转移到新的离心管中。

(6)将蛋白溶液稀释到 2～4 mg・mL^{-1}。留存 100 μL 作总蛋白(total extract)。在其余的蛋白溶液中加入适量咪唑(imidazole),使咪唑的终浓度为10～20 mmol・L^{-1}(预实验确定最适浓度)。

(四)Myc-His-融合蛋白的纯化

1. 亲和层析柱的准备

(1)用 millipore 纯水洗净层析柱,然后向层析柱中加入 3～4 mL millipore 纯水。

(2)视需要加入适量的 Ni-NTA beads(一般 2～3 mL beads),静置 20～25 min,使 beads 沉到底部。

(3)用 10 倍柱体积的 millipore 纯水洗柱子,洗去 beads 中含的乙醇。

(4)用 10 倍柱体积的蛋白提取缓冲液(extraction buffer)洗柱子,亲和层析柱即准备完成。

2. 蛋白纯化

(1)上样:将蛋白提取液加到亲和层析柱上,收集流出液(flow through),控制流速为大约 1 mL・min^{-1},留存 100 μL 流出液作为流出组分(flow-through fraction)。

(2)洗柱:用 10 倍柱体积的清洗缓冲液(wash buffer)洗下杂蛋白,在洗出快结束时,留存 100～200 μL 洗出液作为洗出组分(wash fraction)。

(3)洗脱:加入 1 倍体积的洗脱缓冲液(elution buffer),用安培管收集洗脱液,记为 E1。重复此步骤 3 次,分别得到洗脱液 E2、E3、E4。

(五)免疫共沉淀(Immunoprecipitation)

(1)1 mL 蛋白组分加入 40 μL c-myc agarose、5 μL 30% NP-40、10 μL PMSF、1 μL Leupeptin、1 μL Pepstatin A。

(2)置于 rotator 上 4℃充分混合 4～5 h。

(3)4℃,4 000 r/min 离心 1 min,小心将上清转移入新管,避免取到 beads,−80℃保存。

(4)用 1 mL 高盐溶液(high salt buffer)洗 beads。4℃,4 000 r/min 离心 1 min,用真空泵小心除去上清。

(5)用 1 mL 低盐溶液(low salt buffer)洗 beads。4℃,4 000 r/min 离心

1 min，用真空泵小心除去上清。

(6)再重复步骤(4)和(5)两次。

(7)加入 1 mL millipore 纯水，将 millipore 纯水和 beads 移入新管。4℃，4 000 r/min离心 1 min，用真空泵小心除去上清。

(8)用 30 μL 不含 DTT 的 2×SDS loading buffer 重悬 beads，100℃煮 5 min。

(9)4℃，4 000 r/min 离心 1 min，取上清入新管(大约 30 μL)。

(10)加 DTT 入上清，100℃煮 3 ～5 min。(DTT 的终浓度应为 0.1 mol・L^{-1}，但对质谱，DTT 的浓度不应超过 17 mmol・L^{-1})。

(11)上样到 4%～15%梯度胶(Bio-rad)，用 5 ng、10 ng、20 ng、40 ng、80 ng BSA 作标准对照。

(六)兼容质谱的考马斯亮蓝染色

(1)将凝胶置于含 CBR-250 染色液的塑料容器中，确保胶被染色液完全浸没。

(2)室温下摇动凝胶 5～20 min。

(3)弃去用过的 CBR-250 染料。

(4)加入适量的考马斯亮蓝脱色液，脱色至理想的背景出现。

(5)将胶保存在 5%的醋酸中或置于空气中干燥。若采用空气干燥，需将凝胶放在两张浸湿的玻璃纸中间，拉紧玻璃纸，待胶静置在空气中变干。

(七)质谱分析

1. 胶内蛋白的酶解和肽段提取

(1)切下凝胶上的蛋白质点或条带(捣碎)，放入小离心管中。

(2)以 0.1 mol・L^{-1} NH_4HCO_3、50%乙腈各 1 mL，清洗胶粒 2 次，除尽考马斯亮蓝染液。

(3)离心冷冻干燥，使胶粒完全干燥。

(4)加入 10 μL 含有 0.5 μg 胰酶的消化缓冲液，使凝胶湿润。

(5)静置 10～20 min，至完全吸收。

(6)若有需要，重复步骤(4)、(5)，使胶粒充分膨胀。

(7)加 10～100 μL 消化缓冲液(即 0.05 mol・$L^{-1}$$NH_4HCO_3$)，彻底覆盖胶粒。

(8)35℃温育 16 h。

(9)小心取出上清(上清中含有超过 80% 的可提取肽段)，注入新管。

(10)胶粒加入 10～100 μL 含 60%乙腈的 TFA 水溶液，室温放置 30 min。

(11)仔细吸取抽提液，与步骤(9)的抽提液混合。

(12)冷冻干燥以浓缩样品。

2. MALDI-MS

(1)吸取 0.5 μL 基质溶液,加到质谱仪的金属样品板上的样品孔中。

(2)在基质干燥之前,迅速加入 0.5 μL 的标准品或样品到基质中。

(3)室温或 40℃ 烘箱内约 5 min,使样品干燥。

(4)把金属板转移至质谱仪的真空舱内。

(5)以恰好高于离子化阈值的激光能量来“预热”校准标准品,从而获得初始质量图谱。

(6)降低激光能量直到获得高质量的图谱。

(7)用适合的标准物来获得线性的两点外标校准。

(8)对未知样品重复步骤(5)、(6),并与标准值相比较以获得精确的质量。

(9)用毕,ddH_2O 彻底冲洗 MALDI 板,然后用无棉绒薄纸(如 Kimwipes 纸)沾甲醇擦拭。

五、问题及讨论

(1)蛋白提取过程中为何要保持低温?到哪一步才可以在室温下操作?要得到尽可能多的蛋白,需要注意些什么?

(2)蛋白纯化实验成功与否的关键因素有哪些?怎样使得到的蛋白既多又纯?

(3)如果质谱结果出现了非特异的峰,你认为可能是什么物质的干扰?

参考文献

[1] Cope G., Deshaies R. COP9 Signalosome: A Multifunctional Regulator of SCF and Other Cullin-Based Ubiquitin Ligases. Cell. 2003(114): 663-671.

[2] Domon B., Aebersold R. Mass Spectrometry and Protein Analysis. Science. 2006(312): 212-217.

[3] Cheng P., He Q., He Q. Y., *et al*. Regulation of the Neurospora circadian clock by an RNA helicase. Genes & Development. 2005(19): 234-241.

[4] He Q., Cheng P., He Q. Y., *et al*. The COP9 signalosome regulates the *Neurospora* circadian clock by controlling the stability of the SCF^{FWD-1} complex. Genes & Development. 2005(19): 1518-1531.

[5] Wei N. Deng X. W. The COP9 Signalosome. Annu. Rev. Cell Dev. Biol.

2003(19): 261-286.
[6] Richard J. S. 蛋白质与蛋白质组学实验指南. 何大澄主译. 北京:化学工业出版社,2006.
[7] Sambrook,等. 分子克隆实验指南. 3 版. 黄培堂,等译. 北京: 科学出版社,2002.

实验十七　mRNA 差异显示技术在分析真菌致病力中的应用

一、实验目的

高等生物不同细胞间基因表达的差异决定了生命活动的多样性，如发育与分化、细胞周期调节等。正常代谢或各种病理改变，无论是受单基因还是多基因调控，在本质上都是基因表达的改变所致。本实验将学习寻找丝状真菌差异表达基因的方法和技术。

二、实验原理

生物的整个生命过程均受到自身基因表达调控的影响，据估计，高等生物个体大约含有 100 000 个不同的基因，但对于细胞个体，任一时刻只有一小部分基因得到表达(15%)。生命过程——生长、分化、体内平衡以及对刺激的反应、细胞周期调节、衰老或凋亡都由基因的选择性表达所决定。生物正常的发育过程和疾病引起的病变也由基因表达的变化所致。因而研究基因的差别表达将为揭示特定组织或细胞所发生的生命过程提供重要依据。

差异显示(DDRT-PCR)方法的出现，使得鉴别未知的差异表达的研究得到很大改观。1992 年 Liang 与 Pardee 建立的 mRNA 差异显示技术(differential display 或 DDRT-PCR)，以其 RNA 用量少，操作简便快捷和灵敏度高而被广泛应用于鉴定和克隆真核生物不同细胞之间、不同器官之间以及不同环境下差异表达基因。DDRT-PCR 的工作原理(图 17-1)如下：根据真核生物 mRNA 分子含有 polyA 尾的特点，通过 3′端带有一个锚定碱基 M(M＝dC，dG 或 dU)的 poly(dT)引物分别进行反转录；然后，用与反转录相同的锚定引物(3′)及具有 10 个碱基的随机引物(5′)组成的引物进行 PCR 扩增；将扩增所得的 mRNA 分子 3′端 cDNA 片段通过测序胶分离，这样就可以通过并列比较来源于不同细胞的扩增产物，鉴定转录物的差异并分离源于差异表达的 cDNA 片段，以其为探针可进一步获得全长 cDNA。理论上讲，通过锚定引物与一套数目有限的随机引物组合能覆盖所有的 mRNA 序列，因此这种方法可用于分析细胞中所有表达的基因。

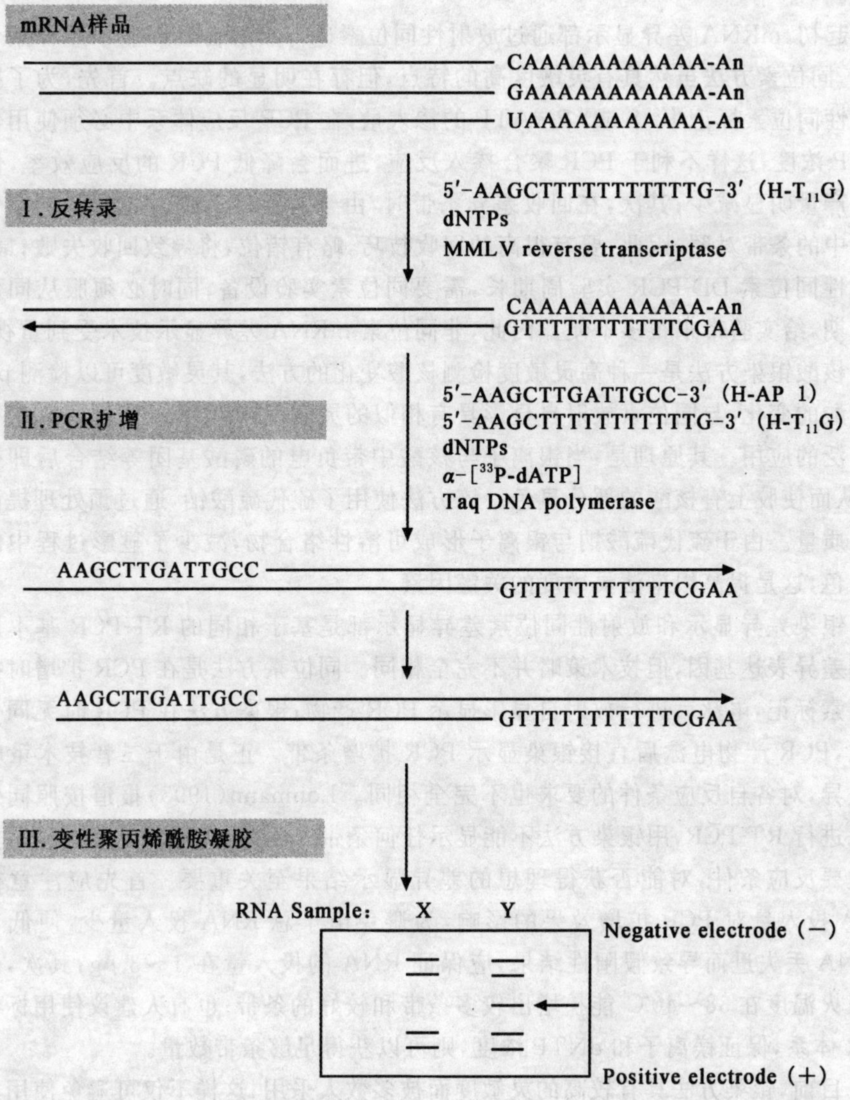

图 17-1 DDRT-PCR 原理

差异显示技术的策略是通过一系列的锚定引物与随机引物组合把不同种细胞进行反转录与 PCR 扩增，这样极微小的基因表达差异就可被放大，从而得到差异表达的片段。一般认为，在 300～700 bp 的区域内，可获得比较理想的结果。该技术自诞生以来，由于其使用简便、灵敏度高等优点而成功用于多种生物学体系的研究。

起初,mRNA 差异显示都通过放射性同位素进行放射自显影显示差异条带的图像,同位素方法虽然具有灵敏度高的特点,但存在明显的缺点。首先,为了提供放射性同位素标记中^{35}S或^{32}P-dATP 的掺入量,在 PCR 反应体系中必须使用低的 dNTP 浓度,这样不利于 PCR 聚合掺入反应,进而会降低 PCR 的反应效率,使产物的产量明显减少;其次,在回收差异条带时,由于需要将 X 胶片上显示的条带和凝胶中的条带对照,因此,要有很高的回收技巧,略有错位,将导致回收失败;最后,放射性同位素 DD-PCR 实验周期长,需要同位素实验设备,同时必须服从同位素半衰期,给实验带来很多不便。因此,非同位素 mRNA 差异显示技术受到重视。

核酸银染方法是一种高灵敏度检测核酸变化的方法,其灵敏度可以检测 pg 水平核酸的变化,与同位素放射自显影具有相似的灵敏度,在 DNA 分析研究中得到较广泛的应用。其原理是:当银离子与核酸中带负电的磷酸基团等结合后即被还原,从而使胶上有核酸的部分显色。该方法使用了硫代硫酸钠,通过预处理提高了成像质量。由于硫代硫酸钠与银离子形成可溶性络合物,减少了显影过程中的背景染色,这是提高银染法灵敏度的关键因素。

银染差异显示和放射性同位素差异显示都是基于相同的 RT-PCR 基本原理辨别差异表达基因,但技术策略并不完全相同。同位素方法是在 PCR 扩增时掺入同位素标记,电泳后进行放射自显影显示 PCR 产物;银染方法在 PCR 时无同位素掺入,PCR 产物电泳后直接银染显示 PCR 扩增条带。正是由于二者技术策略上的差异,对各自反应条件的要求也不完全相同。Lohmann(1995)报道按照同位素方法进行 RT-PCR,用银染方法不能显示任何条带。因此,优化银染差异显示方法的主要反应条件,对能否获得理想的差异显示结果至关重要。首先应注意模板 RNA 投入量对 PCR 扩增效果的影响,为避免由于总 RNA 投入量少,使低丰度 mRNA 丢失进而导致假阳性结果,应保证 RNA 的投入量在 1～3 μg;其次,PCR 的退火温度在 38～40℃ 能扩增出较多条带和较好的条带;也有人建议使用标准的 PCR 体系,保证镁离子和 dNTP 浓度,则可以获得足够条带数量。

目前,银染方法具有较高的灵敏度而被多数人采用,这样不仅可避免使用放射性同位素所造成的污染问题,还可提高实验效率。更为重要的是,银染显色所得到的 DNA 差异条带是可肉眼直接观察的,回收时可以从湿的凝胶上切下,确保了回收的准确性。

将差异显示 RT-PCR 与银染方法相结合,建立的银染 mRNA 差异显示方法具有快速简便的特点,这种非同位素 mRNA 差异显方法,显示出重要的应用价值和应用前景。

尖孢镰刀菌棉花萎蔫专化型(*Fusarium oxysporum* f. sp. *lycopersici*)是导致棉花枯萎病的重要病原菌,又称棉花枯萎病菌,在自然界中不同菌株致病力差异较大,本实验拟以两株不同致病力的菌株为材料,借助差异显示分析技术,寻找它们差异表达基因(片段)。理论上讲,只要随机引物在 cDNA 上的结合位点与其 3′端 poly T 尾之间的距离小于 2～3 kb, 该 cDNA 就可扩增。mRNA 的平均长度为 1.2 kb, 因此大部分 mRNA 均可通过 RT-PCR 扩增。由于前人发现只有长度为 100～500 个碱基的扩增产物适于在测序胶上显示,因此,通常选择 300～700 bp 出现的差异条带作为探讨对象。

本实验主要学习差异显示技术的原理和操作技能。如时间允许,还可将差异片段回收、测序分析,进一步探讨该基因的功能和特点。

三、实验材料

1. 菌株

尖孢镰刀菌棉花萎蔫专化型(*Fusarium oxysporum* f. sp. *lycopersici*), 编号分别为: Ag149-I(强致病力菌株),Ag149-III(无致病力菌株),由中国农业大学微生物学与免疫学系分离保存。

2. 培养基及试剂

(1)菌株培养及菌丝体收集

①PDA 培养液:土豆 200 g,葡萄糖 20 g,水 1 000 mL,pH 6.5,121℃灭菌 20 min;

②无菌水 200 mL。

(2)RNA 提取

①GT 变性液:4 mol・L^{-1}异硫氰酸胍(GT),25 mmol・L^{-1}柠檬酸钠(pH 7.0),0.1 mol・L^{-1}巯基乙醇,0.5%十二烷基肌氨酸钠,用 DEPC-H_2O 配制;

②3 mol・L^{-1} NaAc (pH 4.0);

③水饱和酚;

④氯仿:异戊醇(24 : 1);

⑤75%乙醇,无水乙醇;

⑥液氮;

⑦缓冲液:10 mmol・L^{-1} Tris-HCl (pH 8.0), 50 mmol・L^{-1} KCl, 1.5 mmol・L^{-1} $MgCl_2$;

⑧DNase I;

⑨DEPC-H_2O（焦炭酸二乙酯处理后的水）；

⑩琼脂糖。

(3)反转录 PCR

①RNA image 第 1 号试剂盒(GenHunter Co.)；

②dNTP（250 μmol·L^{-1}）；

③5×RT buffer：125 mmol·L^{-1} Tris-HCl（pH 8.0），188 mmol·L^{-1} KCl，7.5 mmol·L^{-1} $MgCl_2$，25 mmol·L^{-1} DTT；

④反转录酶：MMLV，AMV；

⑤10×PCR buffer：100 mmol·L^{-1} Tris-HCl（pH 9.0），500 mmol·L^{-1} KCl，1.0% Triton X-100。

(4)变性聚丙烯酰胺凝胶电泳

①亲和硅烷剂；

②剥离硅烷剂；

③丙烯酰胺；

④N，N′-甲叉双丙烯酰胺；

⑤TEMED（N，N，N，N′-四甲基乙二胺）；

⑥5×TBE 电极缓冲液：54 g Tris，27.5 g 硼酸，20 mL 0.5 mol·L^{-1} EDTA（pH 8.0）；

⑦尿素；

⑧10% 过硫酸铵。

(5)银染

①固定液/停显液：10% 冰乙酸；

②染色液：1 g $AgNO_3$，1.5 mL 37% 甲醛，去离子水 1 000 mL；

③显色液：30 g Na_2CO_3，1.5 mL 37% 甲醛，200 μL 硫代硫酸钠，去离子水 1 000 mL(冷却至 4℃)。

3. 主要仪器

－20℃和－70℃冰箱，恒温摇床，PCR 仪，DYY-12C 型电脑三恒多用电泳仪（北京六一仪器厂），DYCZ-20A 型 DNA 序列分析电泳槽（北京六一仪器厂），冷冻离心机，冷冻干燥机等。

四、实验步骤

1. 菌株培养及菌丝体收集

取活化好的斜面菌株各一支，分别接种于 100 mL PDA 培养液中，25℃振荡培养 60 h，过滤收集菌丝体并用无菌水洗涤 2～3 次，存放在塑料离心管中，置 −20℃或 −70℃冰箱 3 h 左右，或置液氮中速冻后冷冻干燥。

2. RNA 的提取

取 50 mg 经冷冻干燥的菌丝体，液氮研磨成粉，置 1.5 mL 离心管中，加入 500 μL GT 变性液，混匀

↓

依次加入 50 μL 2 mol·L^{-1} NaAC (pH 4.0)、500 μL 水饱和酚、500 μL 氯仿：异戊醇(24：1)剧烈振荡 10 s 后，置冰浴 15 min

↓

4℃，10 000 r/min 离心 20 min，吸取上清置另一干净离心管中

↓

加入等体积酚：氯仿：异戊醇(25：24：1)抽提一次，取上清

↓

加入等体积异丙醇，混匀后于 −20℃ 放置 30～60 min

↓

4℃，10 000 r/min 离心 15 min，75%乙醇洗两遍

↓

取 50 μg 总 RNA，加入 50 μL RNA 提取缓冲液，10 U DNsae I，37℃ 温育 30 min，除去 DNA

↓

加入等体积酚：氯仿：异戊醇(25：24：1)抽提 1～2 次

↓

上清加入 0.1 倍体积(V/V)3 mol·L^{-1} NaAc 和 3 倍体积冷无水乙醇，−20℃存放 20～30 min

↓

75%乙醇洗涤 1～2 遍 RNA 沉淀，4℃，10 000 r/min 离心 15 min，弃上清，真空干燥后溶解于 50 μL DEPC 处理的水中

↓

取少量 RNA 进行琼脂糖凝胶电泳检测

3. 反转录 PCR

(1)mRNA 反转录

在 0.5 mI 离心管中预先混匀表 17-1 中反应组分(可根据分组选择锚定引物，见表 17-2)。

表 17-1 反应组分 μL

反应试剂	体积
ddH_2O	9.4
5×RT buffer	4.0
dNTP (250 $\mu mol \cdot L^{-1}$)	1.6
Total RNA (0.1 $\mu g \cdot \mu L^{-1}$)	2.0
H-T11M (2 $\mu mol \cdot L^{-1}$)	2.0
总体积	19

表 17-2 用于差异显示分析的引物

锚定引物	H-T_{11}G	AAGCTTTTTTTTTTTG
	H-T_{11}A	AAGCTTTTTTTTTTTA
	H-T_{11}C	AAGCTTTTTTTTTTTC
随机引物	H-AP1	AAGCTTGATTGCC
	H-AP2	AAGCTTCGACTGT
	H-AP3	AAGCTTTGGTCAG
	H-AP4	AAGCTTCTCAACG
	H-AP5	AAGCTTAGTAGGC
	H-AP6	AAGCTTGCACCAT
	H-AP7	AAGCTTAACGAGG
	H-AP8	AAGCTTTACCGC

上述反应体系于65℃处理 5 min,37℃ 温育 10 min,加入 1 μL MMLV 反转录酶后继续在 37℃ 温育 50 min,75℃ 处理 5 min 钝化反转录酶,冷却后离心收集并存放于－80℃。

(2)PCR 反应

PCR 反应体系如表 17-3(可根据分组选用随机引物,见表 17-2)。

表 17-3 PCR 反应体系 μL

反应试剂	体积
ddH_2O	9.4
10×PCR buffer	2.0
$MgCl_2$ (25 $mmol \cdot L^{-1}$)	1.2
dNTP (10 $mmol \cdot L^{-1}$ each)	0.4

续表 17-3　μL

反应试剂	体积
H-T11M (2 μmol·L^{-1})	2.0
RT-mix from step 1	2.0
H-AP primer (2 μmol·L^{-1})	2.0
Taq DNA polymerase	1.0
总体积	20

PCR 反应条件：94℃，30 s；40℃，120 s；72℃，30 s；共计 40 个循环，72℃延伸 5 min，4℃保存。

4. 6%变性聚丙烯酰胺凝胶电泳分析

用无水乙醇充分擦除玻璃胶板的残余物，分别以亲和硅烷剂和剥离硅烷剂均匀擦拭上、下层胶板。

制备 6%凝胶板：称取 5.7 g 丙烯酰胺，0.3 g N，N′-甲叉双丙烯酰胺，48 g 尿素，放入 200 mL 烧杯中，加 20 mL 5×TBE，20 mL ddH_2O，搅拌溶解，定容至 100 mL，Wattman 3MM 滤纸过滤，加入新配置的 10%过硫酸铵 0.5 mL，50 μL TEMED，灌胶，注意不要有气泡；水平放置胶板，铁夹固定，静置约 1 h 即可上样。

点样：上样前用缓冲液冲洗每个上样孔，去除碎胶和尿素。取 3.5 μL 反应产物与 2 μL 加样缓冲液混合，于 95℃温育 2 min，冰上速冷，立即上样。以 100 bp 梯度 DNA 作为标准分子质量。

电泳条件：电压 1 300 V，保持 50～55℃，电泳约 4 h。待二甲苯蓝染料迁移至凝胶下缘后 30 min 停止电泳，拆除上层胶板准备染色。

5. PCR 产物的银染

固定：将凝胶板放入一塑料托盘中，加入 2 L 新配置的固定液后，置摇床（往返缓慢振荡）1 h 以上，将固定液保留，以备用于终止反应；

漂洗：用 ddH_2O 漂洗 3 次，每次 2 min；

染色：加入染色液，置摇床轻微振荡 30 min；

显色：加入 2 L 显色液，不断摇动，直到条带显现到适宜亮度为止，用保留的固定液终止显色反应。

6. 差异条带检查

观察并分析两个菌株之间出现的差异条带。

五、问题及讨论

(1)在 300～700 bp 之间出现多少个差异条带？

(2)如果继续本实验回收差异条带,还需要哪些步骤?

(3)本实验容易出现假阳性的原因有哪些,应该如何避免或排除?

参 考 文 献

[1] http://www.animalgenome.org/edu/newtech/ddpcr.html

[2] Liang P., Pardee A. B. Differential display of eukaryotic messenger RNA by means of the polymerase chain reaction. Science. 1992(257): 967-971.

[3] Lohmann J., Schickle H., Bosch T. C. G. REN display, a rapid and efficient method for nonradioactive differential display and mRNA islation. Bio. Tech. 1995(18): 200-202.

[4] Sturtevant J. Applications of Differential-Display Reverse Transcription-PCR to Molecular Pathogenesis and Medical Mycology. Clinical Microbiology Reviews. 2000(13): 408-427.

[5] Zhang H., Zhang R., Liang P. Differential screening of gene expression difference enriched by differential display. Nucleic Acids Research. 1996(11): 2454-2456.

实验十八　丝状真菌线粒体DNA的提取及差异分析

一、实验目的

本实验通过对不同表型丝状真菌线粒体基因组的差异分析，学习和进一步掌握 PCR 技术的原理、丝状真菌线粒体及其 DNA 的提取和 RAPD 分析技术。

二、实验原理

线粒体是一种半自主的细胞器，它有自身独特的遗传系统。进行有氧呼吸的真菌，原生动物和高等动、植物细胞都具有线粒体，它是真核生物能量的主要提供者。处于活跃生长阶段的真菌细胞中可含多个线粒体，据统计，丝状真菌线粒体 DNA(mtDNA)大小为 18.9～176.3 kb，主要编码自身的 rRNA、tRNA、mRNA 和一部分线粒体膜复合体蛋白，但关键的核糖体蛋白，RNA 和 DNA 聚合酶及蛋白合成所需因子则由核 DNA 编码。由于线粒体基因组可自身编码控制菌株生长特征的基因，特别是人们曾发现，线粒体类质粒的存在与菌株的老化有关，因此，影响菌株表型性状的因素，也有可能来源于线粒体基因组。目前针对线粒体基因组的分析可采用 RAPD 和 RFLP 分析。

提取线粒体 DNA 的方法常用的有两种：①先用差速离心法提取菌株的线粒体，加入 DNase Ⅰ除去残留的核 DNA，然后再破碎线粒体膜，提取并纯化线粒体 DNA；②先用 CTAB 法提取菌株的总 DNA，通过氯化铯超速离心分离并纯化核 DNA 与线粒体 DNA。

RAPD(randomly amplified polymorphic DNA)技术是另一种从分子水平上研究不同生物 DNA 差异的手段。RAPD 分析是随机引物扩增 DNA 片段长度多态性分析的英文简称，它是建立在 PCR 基础上的，包括两部分，即 PCR 扩增和凝胶电泳分离扩增产物。其具体原理是：通过高温使含目的片段的双链模板 DNA 变性，然后低温使引物与模板 DNA 复性，并在 TaqDNA 聚合酶的作用下进行互补链的延伸，如此循环多次，可使目的片段理论上扩增 100 万倍。在此基础上，利用一系列不同的随机引物对目的基因组 DNA 进行 PCR 扩增,然后利用电泳分离显示扩增产物的多态性。扩增产物 DNA 片段的多态性反映了目的基因组相应区域的多态性,由此可进一步找出不同目的基因组 DNA 之间的差异。RAPD 技术适合于遗传背景不清楚的靶基因的分析,商品化的系列引物可以扩增出足够的多态性片段以适应种及种以下各水平的分析,且扩增产物多态性灵敏度高,广泛应用于菌种鉴定、基因定位及遗传图谱构建等方面的研究。RAPD 技术现已广泛地用于分类鉴定,评估亲缘关系,分析杂交品种基因组和寻找特异性探针等分子生态学的研究工作。

RFLP (restriction fragment length polymorphism)技术的基本原理是:每个生物体独特的基因组 DNA 分子上有不同的限制性内切酶位点的分布,应用一定的内切酶对基因组 DNA 进行酶切,经凝胶电泳分析,可产生该生物个体基因组 DNA 片段长度的多态性。每种酶切产物均可获得相应的电泳谱图,用来比较差异性。但如果采用此技术分析不同菌株基因组差异,需要 DNA 样品量大,纯度高,实验周期长。

RAPD 作为一项现代分子生物学技术具有以下 3 个优点:①适于研究未知的基因组;②与 RFLP 相比只需极少量的 DNA 样品;③无需进行反复的 DNA 杂交工作,扩增产物直接用凝胶电泳观察,更加快速、简便。根据所用引物的大小,RAPD 可以分为 DNA 扩增指纹分析(DNA Amplification Fingerprinting,DAF)和随机引物多聚酶链式反应(Arbitrarily Primed PCR,AP-PCR)。前者所用的引物较短,为 5~8 bp,通过聚丙烯酰胺凝胶电泳和银染,能发现相对较多的扩增产物;后者使用稍长的随机引物,扩增产物较少,可以用琼脂糖凝胶电泳观察结果。

本实验以棉花黄萎病菌具有不同致病力的菌株为材料,通过提取其线粒体 DNA 并进行 RAPD 分析,初步判断与致病力有关的因素是否来源于线粒体基因组。

三、实验材料

1. 菌株

棉花黄萎病菌(*Verticillium dahliae*)不同致病力菌株。

2. 主要试剂

(1)PCR

Taq 酶,dNTPs,10×buffer,随机引物(在 Operon 公司的试剂盒中选用)。

(2)线粒体 DNA 提取

①1 mol・L^{-1}Tris-HCl:60.55 g Tris 溶于 400 mL 水中,用 HCl 调 pH 值至 8.0,定容至 500 mL,121℃下灭菌 20 min;

②0.5 mol・L^{-1}EDTA:90.05 g EDTA-Na_2 溶于水中,用 NaOH 调 pH 值至 8.0,定容至 500 mL,121℃下灭菌 20 min;

③液氮;

④0.02%建纳斯绿(Janus Green)染色液,用线粒体提取等渗缓冲液配制;

⑤线粒体提取等渗缓冲液:50 mmol・L^{-1} Tris-HCl (pH 8.0),50 mmol・L^{-1} EDTA-Na_2,10%蔗糖,121℃下灭菌 20 min;

⑥线粒体裂解缓冲液:50 mmol・L^{-1} Tris-HCl (pH 8.0),50 mmol・L^{-1} EDTA-Na_2,121℃下灭菌 20 min;

⑦DNase I 反应缓冲液(TMS):20 mmol・L^{-1} Tris-HCl (pH 7.5),5 mmol・L^{-1} $MgCl_2$,20%蔗糖,121℃下灭菌 20 min;

⑧TE 缓冲液:10 mmol・L^{-1} Tris-HCl(pH 8.0),1 mmol・L^{-1} EDTA,121℃下灭菌 20 min;

⑨苯酚:三氯甲烷:异戊醇 (P:C:I=25:24:1):按体积比混匀,在 4℃保存;

⑩氯仿:异戊醇(24:1):将 20 mL 异戊醇加入 480 mL 氯仿中,混匀。

(3)琼脂糖凝胶电泳

①50×TAE:242 g Tris,57.1 mL 冰醋酸,100 mL 0.5 mol・L^{-1}EDTA(pH 8.0),定容至 1 000 mL;

②溴化乙锭 (EB)储存液(10 mg・mL^{-1}):10 mg 溴化乙锭溶于 1 mL 蒸馏水中,4℃储存;

③6×凝胶加样缓冲液:0.25%溴酚蓝,40%(W/V)蔗糖水溶液;

④琼脂糖。

3. 主要仪器

PCR 仪,冷冻高速离心机,台式离心机,电泳仪等。

四、实验步骤

1. 线粒体 DNA 提取

培养供试菌株，收集菌丝体，冷冻干燥

↓

取经冷冻干燥的菌丝，称重(1～2 g)，加液氮研磨破碎细胞

↓

用线粒体提取等渗缓冲液悬浮，4 000 r/min 离心 30 min，取上清

↓

13 000 r/min 离心 40 min，弃上清，TMS 悬浮线粒体沉淀

↓

加 RNase A 至终浓度为 10 $\mu g \cdot mL^{-1}$，37℃，保温 30 min

↓

加 DNase I 至终浓度为 100 $\mu g \cdot mL^{-1}$，37℃保温 30 min，除去核 DNA

↓ ← 加 0.5 $mol \cdot L^{-1}$ EDTA (pH 8.0)至终浓度 10 $mmol \cdot L^{-1}$ 终止反应

4℃、13 000 r/min 离心 20 min 收集线粒体沉淀，取出少量用建纳斯绿染液染色后镜检

↓

加入线粒体裂解缓冲液悬浮线粒体，加蛋白酶 K 至终浓度为 100 $\mu g \cdot mL^{-1}$，加 10% SDS 至终浓度为 2%，65℃水浴保温 1 h

↓

置冰浴 10 min，4℃、10 000 r/min 离心 20 min，取上清

↓

加等体积的苯酚：氯仿：异戊醇(25：24：1)抽提至无蛋白膜

↓

加氯仿：异戊醇(24：1)抽提 1～2 次，4℃、10 000 r/min 离心 15 min

↓

上清加等体积的异丙醇沉淀线粒体 DNA，风干后加无菌 ddH_2O 溶解

↓

0.8 % 琼脂糖电泳检测线粒体 DNA，估测 DNA 片段大小及浓度

2. 线粒体 DNA 的 RAPD 分析

选用 20～50 种随机引物对异核体及其同核分离子菌株线粒体 DNA 进行 RAPD 分析，将 2 种 DNA 模板调成浓度一致，按表 18-1 成分配成 20 μL 的反应体系。

表 18-1　PCR 反应体系　μL

试剂	用量
10×buffer	2.0
dNTP (2.5 mmol·L^{-1} each)	0.4
$MgCl_2$ (25 mmol·L^{-1})	1.2
Taq 酶 (3 U·μL^{-1})	0.3
DNA 模板 (10 ng·μL^{-1})	1.0
随机引物 (8 mmol·L^{-1})	0.8
ddH_2O	14.7

扩增反应在 HYBAID PCR 仪中按 18-2 表的条件进行。

表 18-2　PCR 反应条件

	94℃	37℃	72℃	Cycle
Pr_1	60 s	10 s	20 s	2
Pr_2	2 s	10 s	30 s	38
Pr_3			240 s	1

PCR 产物经 1.5% 琼脂糖凝胶电泳分离(电泳条件为 5 V/cm，电泳 1～2 h)，溴化乙锭(0.5 μg·mL^{-1})染色后，在紫外灯下观察并拍照。

五、问题及讨论

(1)观察实验结果，并分析菌株间的电泳图谱差异。

(2)哪些因素会影响 RAPD 分析的结果，应该如何避免？

参 考 文 献

[1] Clare E. L., Kerr K. C., Von Königslöw T. E., *et al*. Diagnosing mitochondrial DNA diversity: applications of a sentinel gene approach. J. Mol.

Evol. 2008,66(4): 362-367.

[2] Torriani S. F., Goodwin S. B., Kema G. H., *et al*. Intraspecific comparison and annotation of two complete mitochondrial genome sequences from the plant pathogenic fungus *Mycosphaerella graminicola*. Fungal Genet. Biol. 2008,45 (5): 628-637.

[3] http://avery.rutgers.edu/WSSP/StudentScholars/project/archives/onions/rapd.html

[4] http://www.ncbi.nlm.nih.gov/projects/genome/probe/doc/TechRAPD.shtml

图书在版编目(CIP)数据

现代微生物研究技术/文莹,李颖主编. —北京:中国农业大学出版社,2008.10
ISBN 978-7-81117-539-4

Ⅰ.现… Ⅱ.①文… ②李… Ⅲ.微生物学-研究方法 Ⅳ.Q93-3

中国版本图书馆 CIP 数据核字(2008)第 111846 号

书　名 现代微生物研究技术
作　者 文　莹　　李　颖　主编

策划编辑	梁爱荣	**责任编辑**	梁爱荣
封面设计	郑　川	**责任校对**	王晓凤　陈　莹
出版发行	中国农业大学出版社		
社　址	北京市海淀区圆明园西路 2 号	**邮政编码**	100193
电　话	发行部 010-62731190,2620		读者服务部 010-62732336
	编辑部 010-62732617,2618		出　版　部 010-62733440
网　址	http://www.cau.edu.cn/caup	**e-mail**	cbsszs@cau.edu.cn
经　销	新华书店		
印　刷	北京时代华都印刷有限公司		
版　次	2008 年 10 月第 1 版　　2008 年 10 月第 1 次印刷		
规　格	787×980　　16 开本　　10.5 印张　　187 千字		
印　数	1～2 500		
定　价	16.00 元		

图书如有质量问题本社发行部负责调换